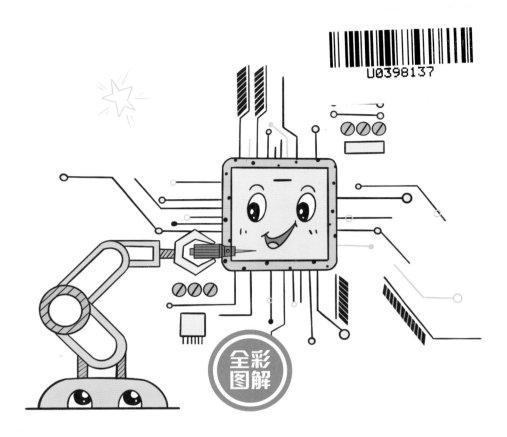

全彩
图解

创客手册

12 个创意电子小制作

杨琳 ◎ 著

人民邮电出版社
北 京

图书在版编目（CIP）数据

创客手册：12个创意电子小制作 / 杨琳著. -- 北京：人民邮电出版社，2022.1
ISBN 978-7-115-55339-3

Ⅰ．①创… Ⅱ．①杨… Ⅲ．①电子器件－制作－青少年读物 Ⅳ．①TN-49

中国版本图书馆CIP数据核字(2020)第228156号

内 容 提 要

本书汇集了12个极具创意的电子小实验，如制作"七彩灯""电报机""密码本防盗器""手持安检仪""飞鸟铃"等。每个实验分为：挑战目标、预期成果、制作所需材料、挖掘电路的秘密、DIY步骤、提升制作质量的小贴士、小小工程师的笔记7部分。实验内容涉及电工电子学的基本原理、简单电路及复杂数字集成电路的介绍，实验器材的准备及成果改进的小建议等。本书还介绍了一些常用工具的使用方法和焊接技巧。

本书适合小学生阅读。

◆ 著　　　　　杨　琳
责任编辑　李媛媛
责任印制　陈　犇

◆ 人民邮电出版社出版发行　　北京市丰台区成寿寺路 11 号
邮编　100164　　电子邮件　315@ptpress.com.cn
网址　https://www.ptpress.com.cn
雅迪云印（天津）科技有限公司印刷

◆ 开本：700×1000　1/16
印张：9.5　　　　　　　2022 年 1 月第 1 版
字数：150 千字　　　　2022 年 1 月天津第 1 次印刷

定价：49.90 元

读者服务热线：**(010)81055410**　印装质量热线：**(010)81055316**
反盗版热线：**(010)81055315**
广告经营许可证：京东市监广登字 20170147 号

目 录

第一章 七彩灯

彩虹，是当太阳光被空气中的水滴折射和反射后，在天空中形成的七彩光谱。有彩虹的天空就像是一幅美丽的画卷，但是一般在雨后我们才有可能见到彩虹。我们能不能做一个七彩灯来模拟彩虹呢？这就要用到七彩发光二极管。让我们自己动手制作一个七彩灯，让电子元器件亮起来，然后比一比谁做的七彩灯最闪亮吧！

挑战目标

1. 学会根据原理图组装实物，通过焊接了解发光二极管的特性。

2. 熟悉电阻、发光二极管的使用方法，通过制作练习了解二极管的单向导电性。

3. 掌握电路的连接方法，从而锻炼分析和解决实际问题的能力。

预期成果

打开七彩灯的开关，它会发出七彩的光，犹如彩虹一般，七彩灯的实物如图1-1所示。实现此功能的电子元器件是透明圆柱形塑料内的七彩发光二极管中封装的发光二极管芯片，二极管内部集成了控制集成电路及可发出红、绿、蓝等

● 图1-1 七彩灯

1

颜色的发光芯片。这些就是实现自动闪烁、渐变等功能一体化的 LED 灯，也就是我们看到的电子彩虹。

制作所需材料

1. 七彩发光二极管，数量 1 个，直径 5mm。它由长度不同的两条管脚引出，长管脚为正极，短管脚为负极，能发出 7 种颜色的光，如图 1-2 所示。

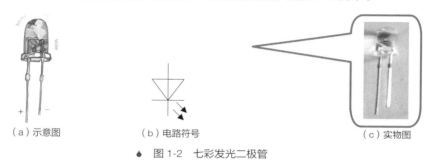

（a）示意图　　　　（b）电路符号　　　　（c）实物图

● 图 1-2　七彩发光二极管

2. 电阻，数量 1 个，阻值 390Ω，阻值采用色环法来表示，其色环依次为橙色环、白色环、黑色环、黑色环、金色环，如图 1-3 所示。电阻衡量的是导体对电流阻碍作用的大小。

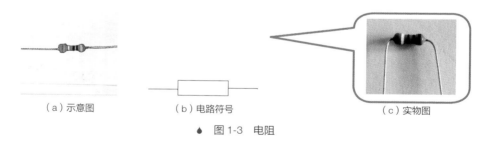

（a）示意图　　　　（b）电路符号　　　　（c）实物图

● 图 1-3　电阻

3. 拨动开关，数量 1 个。它两端有电极引线，拨一下开关按钮，电路接通；再拨一下，电路断开，如图 1-4 所示。

（a）示意图　　　　（b）电路符号　　　　（c）实物图

● 图 1-4　拨动开关

4.导线，数量 4 条。多股细铜丝的软导线可以用来疏导电流，如图 1-5 所示。

（a）示意图　　　　　　（b）电路符号

● 图 1-5　导线

5.电池盒，数量 1 个。电池盒有两根导线，红导线连接电源正极，黑导线连接电源负极，如图 1-6 所示。

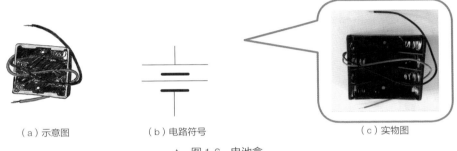

（a）示意图　　　　（b）电路符号　　　　　　（c）实物图

● 图 1-6　电池盒

6.印制电路板，数量 1 块。印制电路板是电子元器件的支撑体，是电子元器件线路连接的提供者，如图 1-7 所示。

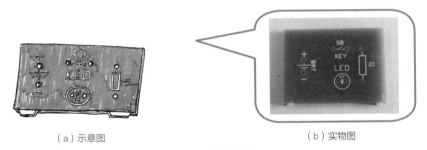

（a）示意图　　　　　　　　　　　　（b）实物图

● 图 1-7　印制电路板

7.外壳，数量 1 套，木质材料，如图 1-8 所示。

● 图 1-8　外壳

四 挖掘电路的秘密

问题1： 七彩灯由哪几部分组成？

答： 它由七彩发光二极管、拨动开关、电阻、导线、电池盒、印制电路板和外壳组成。

问题2： 它的电路原理是什么（参考图1-9所示的电路图）？

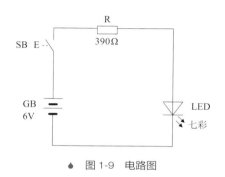

● 图1-9 电路图

答： 电池组用4节7号电池串联而成，装在电池盒内，电源的正、负极最好用长短不同的红、黑1芯（独股导线）聚氯乙烯绝缘电线引出。开关选用杠杆式拨动开关，接线也用1芯导线。电阻选用小型碳膜或金属膜电阻（电阻体直径2.5mm，长度6.4mm），上面的5条色环颜色从左至右分别为橙色、白色、黑色、黑色及金色，标称电阻值为390Ω，允许偏差±5%。发光二极管采用直径5mm的七彩发光二极管。由于七彩发光二极管两端的工作电压约3V，而供电电压为6V，直接与电源相连有可能会烧毁发光二极管，所以必须在电路中串联限流电阻。当限流电阻的阻值为390Ω时，流过发光二极管的电流约10mA，这时它的亮度已经很高了。如果用高亮度的发光二极管，限流电阻器的阻值可以适当加大（1～3.9kΩ），此时的工作电流仅为1～3mA，是名副其实的省电电路。

五 DIY 步骤

电路焊接

1. 用色标法或万用表R×100Ω挡，找到390Ω的电阻，最好将电阻卧式放置，弯曲两条管脚，将它们插入电路板的安装面上。在电烙铁上镀一层焊锡，把搪好锡的电阻焊接在焊接面上，如图 1-10 所示。

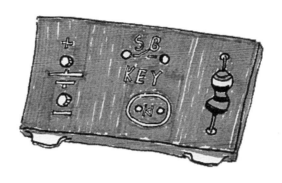

◆ 图 1-10　焊接电阻

2. 将拨动开关的两端分别用导线缠绕、焊接，将导线的另一端引出，插在安装面上相应的孔内，并在焊接面上进行焊接，如图 1-11 所示。

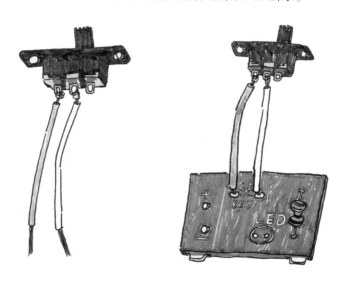

◆ 图 1-11　焊接开关

3. 拿出发光二极管，将发光二极管的两条管脚分别用导线缠绕起来，进行焊接。焊接好后，将裸露在外面的导线用绝缘胶布裹起来，以免导线正负极短路。然后将正极引线（长脚）插在安装面上相应的"＋"极上，负极引线（短脚）插在安装面上相应的"－"极上，在焊接面上进行焊接，如图 1-12 所示。

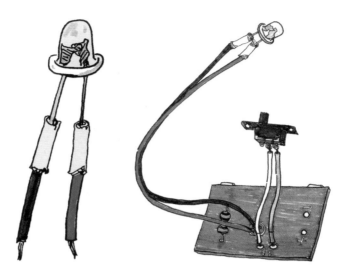

✦ 图 1-12　焊接发光二极管

4. 将电池盒正极引线（红线）插在安装面上相应的"+"极上，负极引线（黑线）插在安装面上相应的"－"极上，并在焊接面上进行焊接。检查无误后，装上电池，打开开关，若二极管发出七彩的光，则表明电路焊接成功，如图 1-13 所示。

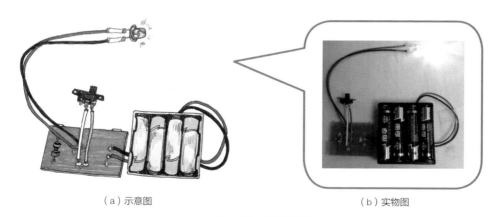

（a）示意图　　　　　　　　　　　　　　（b）实物图

✦ 图 1-13　焊接电池盒

组装外壳

1. 拼装花头

在拼装时请注意小一点的花瓣靠中间，拼在大花瓣的上面；大一点的花瓣靠边沿摆放，如图 1-14 ～图 1-16 所示。

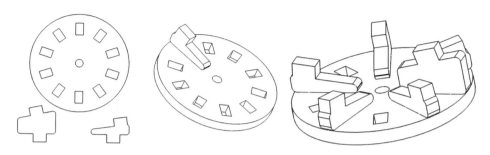

◆ 图 1-14 拼花瓣托，每个瓣托间隔摆放

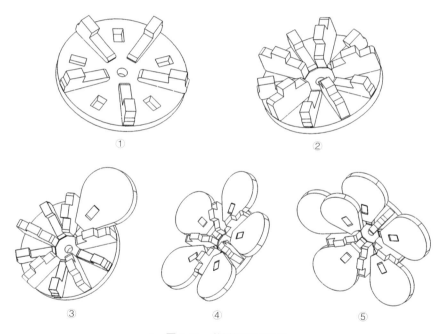

◆ 图 1-15 花瓣摆放的顺序

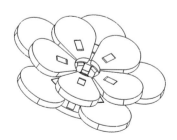

◆ 图 1-16 拼装完花瓣后的效果

2. 拼装花盆

在拼装时请注意先将小开关固定在花盆底面，然后再安装另外的 4 个侧面，按照这样的顺序来安装小开关更加方便一些，如图 1-17 所示。

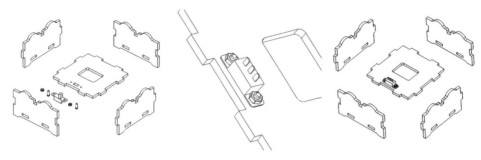

♦ 图 1-17　拼装花盆

3. 拼装花茎

请注意，如果在拼装时花茎与花盆的上面进行插接后比较松，可以使用少许白乳胶对插接处进行固定，如图 1-18 和图 1-19 所示。

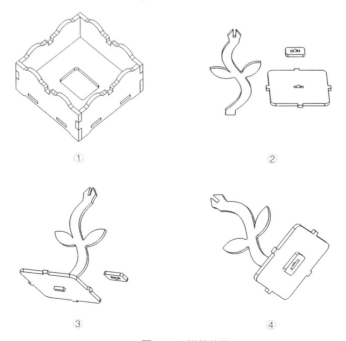

♦ 图 1-18　拼装花茎

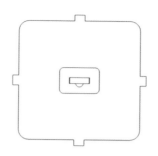

◆ 图 1-19　将小导线穿过小半圆孔

4. 组装花头、花茎、花盆

先将花头安装在花茎上，再将花茎的末端插入花盆中，并用固定块固定，如图 1-20 所示。

◆ 图 1-20　组装花头、花茎、花盆

创客秀

七彩灯制作完成，思考一下还可以怎样改进呢？

1. 这个七彩灯可以用在哪些地方？如果再给你一个发光二极管，要怎样连接到电路中？

2. 如果将七彩灯的七彩发光二极管换成绿色或蓝色发光二极管，会有什么效果？

3. 尝试将七彩灯的按钮开关改成震动开关，做一个会倒立的电灯笼，如图 1-21 所示。

4. 七彩灯的小设想

学一学大侦探破案时要问为什么？谁？何时？

◆ 图 1-21　会倒立的电灯笼

何地？怎么样？不妨设想一下，七彩灯除了用来照明，能不能用来做装饰品呢？比如：马丁叔叔头顶发光的触角，胸卡发光装置，小狗的发光项链（晚上遛狗时就看得清楚了）。能不能制作出会发出七彩光的飞碟模型？

5.七彩灯的互动

请你和爸爸妈妈互动，思考一下，七彩灯或经过改进的七彩灯还有什么其他用途？不妨动手实践一下，看看能否产生新奇的效果？你也可以向好友展示你的发明小成果。

六 提升制作质量的小贴士

1.二极管的正极与 PN 结的 P 区相连，负极与 N 区相连。根据 PN 结的单方向导电特性，电流只能从 P 区经 PN 结流向 N 区，反方向的电流则被 PN 结截断。

2.在初步掌握七彩灯的电路连接后，不妨在电路中串联两个发光二极管，如图 1-22 所示。

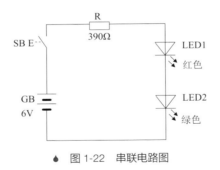

● 图 1-22 串联电路图

3.通过这个七彩灯，小工程师们可以试着设计一个体积小、耗电少的"微光照明手电筒"，它可以用于在夜间观看钟表时间、门锁锁孔或电灯开关的位置等。

七 小小工程师的笔记

1.二极管的特性：正向导通，反向截止。

2.电阻的标识方法：电阻的电阻数值有 3 种标识方法，分别是直标法、文字符号法和色标法。色标法是一种常用的、在电阻器表面上用不同颜色的带环（或色点）来标识标称阻值和允许偏差的一种方法。在色标法中，数字 1 至 9 和 0 分别用颜色带棕、红、橙、黄、绿、蓝、紫、灰、白和黑表示。用金、银及无色（无第四色环）分别表示允许偏差 ±5％、±10％和 ±20％。

3. 开关和电池盒的安装需要用螺丝和螺母固定。

第二章 奇趣发光拖鞋

　　在黑暗的夜里，想象一下，当你穿着会发光的拖鞋踩在地上时，脚的周围都亮了起来，这种感觉是不是棒极了？这种创意十足的拖鞋，其秘密就在于鞋的内部含有 LED 发光装置、小电池以及开关。当我们打开开关时，拖鞋就会发光，起到照明的效果。让我们自己动手制作一个发光拖鞋，让夜晚不再黑暗，然后比一比谁做的奇趣发光拖鞋最亮。

■ 挑战目标

　　1. 学会根据原理图组装实物，通过焊接了解串联电路的特征。

　　2. 再次熟悉电阻、发光二极管的使用方法，通过制作练习掌握二极管的单向导电性。

　　3. 掌握串联电路的连接方法，从而锻炼分析和解决实际问题的能力。

■ 预期成果

　　打开奇趣发光拖鞋的开关，拖鞋的前端就会发出白色的光，犹如手电筒一般，实物如图 2-1 所示。实现此功能主要依靠发光电路中集成的白色发光芯片和灯光控制芯片，控制芯片具有一个 PN 结，当通以正向电流时，不同的材料会发出红、绿、黄、橙、蓝和白色光。因此，发光二极管作为显示器件得到广泛应用，它作为节能光源的潜力也很大。

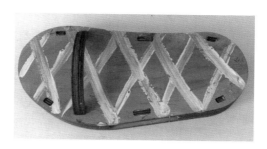

● 图 2-1 奇趣发光拖鞋

制作所需材料

1. 白色高亮发光二极管，数量 2 个。它由长度不同的两条管脚引出，长管脚为正极，短管脚为负极，如图 2-2 所示。

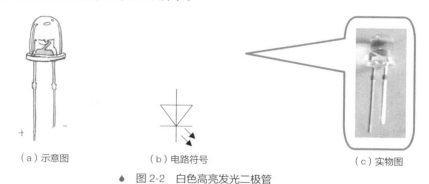

（a）示意图 （b）电路符号 （c）实物图

● 图 2-2 白色高亮发光二极管

2. 电阻，数量 1 个，阻值 390Ω，如图 2-3 所示。

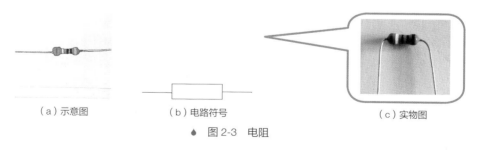

（a）示意图 （b）电路符号 （c）实物图

● 图 2-3 电阻

3. 拨动开关，数量 1 个。它两端有电极引线，拨一下开关按钮，电路接通；再拨一下，电路断开，如图 2-4 所示。

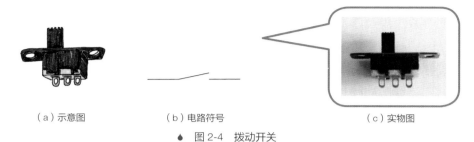

（a）示意图　　　　　（b）电路符号　　　　　　　　（c）实物图

● 图 2-4　拨动开关

4. 导线，数量 4 条，如图 2-5 所示。

（a）示意图　　　　（b）电路符号

● 图 2-5　导线

5. 电池盒，数量 1 个。电池盒有两根导线，红导线连接电源正极，黑导线连接电源负极，如图 2-6 所示。

（a）示意图　　　　（b）电路符号　　　　　　　　（c）实物图

● 图 2-6　电池盒

6. 印制电路板，数量 1 块，如图 2-7 所示。

（a）示意图　　　　　　　　　　　　　（b）实物图

● 图 2-7　印制电路板

7. 外壳，数量 1 套，木质材料，如图 2-8 所示。

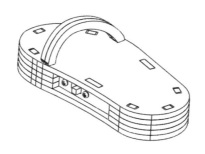

● 图 2-8 外壳

四 挖掘电路的秘密

问题 1： 奇趣发光拖鞋由哪几部分组成？

答： 它由白色高亮发光二极管、拨动开关、电阻、导线、电池盒、印制电路板和外壳组成。

问题 2： 它的电路原理是什么（参考图 2-9 所示的电路图）？

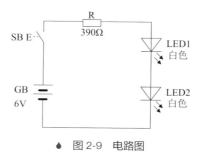

● 图 2-9 电路图

答： 电池用 6V 的纽扣电池组，装在电池盒内，电源的正、负极最好用长短不同的红、黑 1 芯（独股导线）聚氯乙烯绝缘电线引出。开关选用杠杆式拨动开关，接线也用 1 芯导线。电阻选用小型碳膜或金属膜电阻（电阻体直径 2.5mm，长度 6.4mm），标称电阻值为 390Ω，允许偏差 ±5%。发光二极管采用直径 5mm 的白色高亮发光二极管。当开关接通时，两个发光二极管同时点亮；当开关断开时，两个发光二极管同时熄灭。

五 DIY 步骤

电路焊接

1. 将高亮发光二极管的两条管脚分别用导线缠绕起来，进行焊接。焊接好后，将裸露在外面的导线用绝缘胶布裹起来，以免导线正负极短路，另外一个二极管也按照相同的方法进行焊接。然后将正极引线（长脚）插在安装面上相应的 "+" 极上，负极引线（短脚）插在安装面上相应的 "–" 极上，在焊接面上进行焊接，如图 2-10 所示。

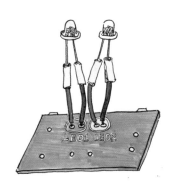

◆ 图 2-10 焊接发光二极管

2. 找到 390Ω 的电阻，最好将电阻卧式放置，弯曲两条管脚，将它们插入电路板的安装面上。将电烙铁涂上焊剂，并在电烙铁上镀一层焊锡，把搪好锡的电阻焊接在焊接面上，如图 2-11 所示。

◆ 图 2-11 焊接电阻

3. 找出开关，将开关用导线引出然后插在电路板安装面的相应位置，并在焊接面上进行焊接，如图 2-12 所示。

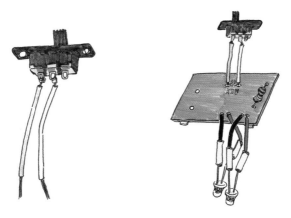

● 图 2-12　焊接开关

4. 将电池盒正极引线（红线）插在安装面上相应的"+"极上，负极引线（黑线）插在安装面上相应的"−"极上，在焊接面上进行焊接。确认电路无误后，装上两节纽扣电池，打开开关，发光二极管就亮起来了，如图 2-13 所示。

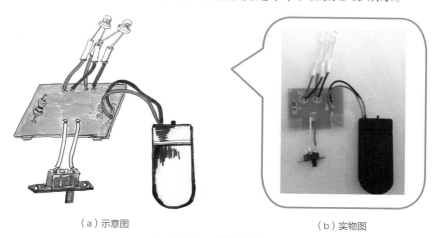

（a）示意图　　　　　　　　　　　　　（b）实物图

● 图 2-13　焊接电池盒

组装外壳

1. 安装开关

将螺丝穿过外壳与开关孔中，再用螺母与螺丝固定，如图 2-14 所示。

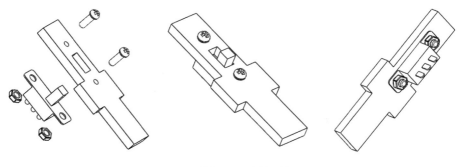

● 图 2-14　安装开关

2.将鞋帮按照下图摆放好，再将 6 个固定块插入鞋帮与鞋底孔中进行固定，如图 2-15 所示。

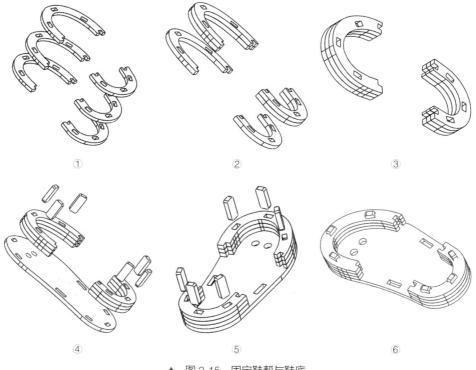

① ② ③

④ ⑤ ⑥

● 图 2-15　固定鞋帮与鞋底

在组装时请注意在此处插入 6 根小木条时，如果插口比较紧，可以使用砂纸对小木条进行轻微打磨。

请注意，鞋底的两个圆孔用于安放发光二极管，红色的零件是用来固定发光二极管的垫片的，如图 2-16 所示。

◆ 图 2-16　安放发光二极管

3.将开关板和侧板与鞋底固定，将开关板插入鞋帮的侧板中，如图 2-17 所示。

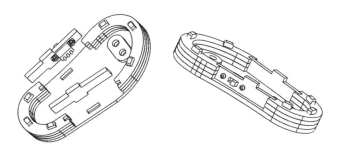

◆ 图 2-17　拼装鞋底与鞋帮

4.拼装拖鞋上表面，将鞋带插入拖鞋表面的孔中，如图 2-18 所示。

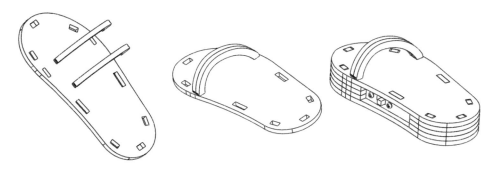

◆ 图 2-18　拼装拖鞋鞋面

请注意，在拼装时可以将电路置于拖鞋的夹层中。这样一个小巧可爱的奇趣发光拖鞋就拼装完了。

创客秀

奇趣发光拖鞋制作完成，思考一下还可以怎样改进呢？

1.试想一下如果将奇趣发光拖鞋的供电电压改为3V行吗？为什么不行？进一步思考，如果电压是3V，怎样改进电路可以使两个发光二极管同时点亮？

2.尝试将两个白色发光二极管换成一个红色发光二极管和一个绿色发光二极管，并将串联电路改成并联电路。由于红色发光二极管点亮的电压低于绿色发光二极管，这样通电后一个交替闪烁的红绿信号灯就做成功了，其电路图如图2-19所示，实物如图2-20和图2-21所示。

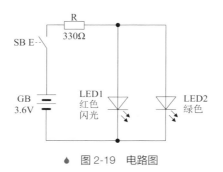

● 图2-19　电路图

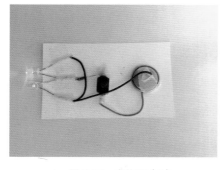 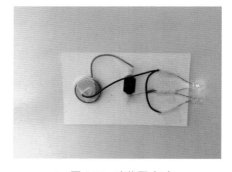

● 图2-20　实物图（1）　　　　　　　● 图2-21　实物图（2）

3.思考：若将上述信号灯的绿色发光二极管换成蓝色发光二极管，并作为机器人的眼睛，会有什么效果？

六 提升制作质量的小贴士

1.在初步掌握奇趣发光拖鞋的电路连接后，不妨再试一下另外一种电路连接方式，如图 2-22 所示。

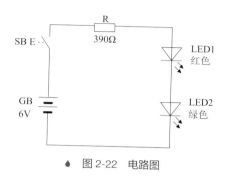

● 图 2-22　电路图

2. 通过这个奇趣发光拖鞋，小工程师们可以设想这个拖鞋还可以用在哪里？有什么效果？比如：把它装在球鞋上，这样晚上踢球射门时就更准啦；装在一般的鞋上，到晚上就可以照亮回家的路了；装在凉鞋上，看起来闪亮闪亮的……

七 小小工程师的笔记

1. 串联电路：两个发光二极管首尾相连被接进电路中，我们说这两个发光二极管是串联关系。串联电路的基本特征是只有一条支路，电流依次通过每一个组成电路的元器件。

2. 串联电路特点。

（1）若想控制所有电路，可使用串联的电路。

（2）只要某一处断开，整个电路就断路，即所有相串联的电子元器件不能正常工作。

（3）串联电路没有支路。

第三章 田园路灯

在漆黑的夜晚，你走在回家的路上，看着周围黑森森的，会不知不觉害怕起来，这时要有一个照亮的路灯该多好啊！路灯是怎么制作的呢？里面有什么奥秘呢？让我们自己动手制作一个田园路灯，来摆脱对夜晚黑暗的恐惧。

■ 挑战目标

1. 学会根据原理图组装实物，了解并联电路的特征。
2. 能够灵活运用之前学习的七彩灯电路知识，更进一步学习电路的连接方法。
3. 掌握并联电路的连接方法，从而锻炼分析和解决实际问题的能力。

■ 预期成果

打开田园路灯其中一路的开关，它就会发出红色或绿色的光，犹如街景的灯光，实物如图3-1所示。实现此功能主要是运用了电路并联的原理，可以把田园路灯电路视作两路七彩灯电路，只是共用一个电阻器。连接并联电路时，先焊一路七彩灯电路，再焊接另一路，两路电压相同。并联电路在家庭电路的连接中应用广泛。

● 图 3-1 田园路灯

三 制作所需材料

1. 红色发光二极管，数量 1 个，直径 5mm。它由长度不同的两条管脚引出，长管脚为正极，短管脚为负极，能发出红色的光，如图 3-2 所示。

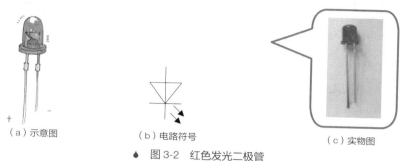

（a）示意图　　　　（b）电路符号　　　　（c）实物图

● 图 3-2　红色发光二极管

2. 绿色发光二极管，数量 1 个，直径 5mm。它由长度不同的两条管脚引出，长管脚为正极，短管脚为负极，能发出绿色的光，如图 3-3 所示。

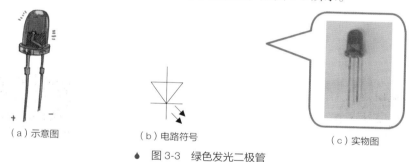

（a）示意图　　　　（b）电路符号　　　　（c）实物图

● 图 3-3　绿色发光二极管

3. 电阻，数量 1 个，阻值 390Ω，阻值标示采用色环法，其色环依次为橙色环、白色环、黑色环、黑色环、金色环，如图 3-4 所示。

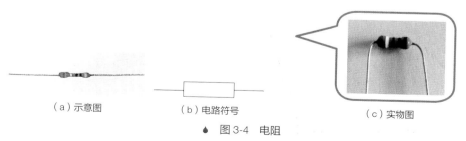

（a）示意图　　　　（b）电路符号　　　　（c）实物图

● 图 3-4　电阻

4. 拨动开关，数量 1 个。它两端有电极引线，拨一下开关按钮，电路接通；

再拨一下，电路断开，如图 3-5 所示。

（a）示意图　　　　　　　（b）电路符号　　　　　　　　　（c）实物图

🌢 图 3-5　拨动开关

5. 导线，数量 4 条，如图 3-6 所示。

（a）示意图　　　　　　（b）电路符号

🌢 图 3-6　导线

6. 电池盒，数量 1 个。电池盒有两根导线，红导线连接电源正极，黑导线连接电源负极，如图 3-7 所示。

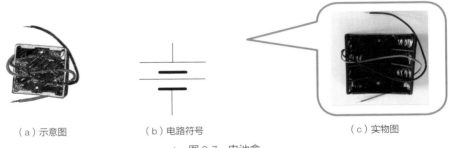

（a）示意图　　　　　　（b）电路符号　　　　　　　　（c）实物图

🌢 图 3-7　电池盒

7. 印制电路板，数量 1 块，如图 3-8 所示。

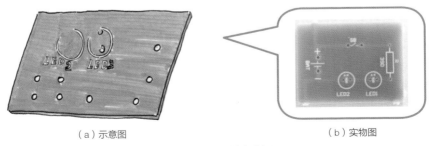

（a）示意图　　　　　　　　　　　（b）实物图

🌢 图 3-8　印制电路板

8. 外壳，数量 1 套，木质材料，如图 3-9 所示。

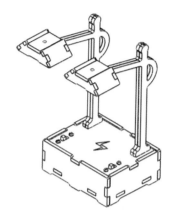

● 图 3-9　外壳

四 挖掘电路的秘密

问题 1： 田园路灯由哪几部分组成？

答： 它由红色发光二极管、绿色发光二极管、电阻、拨动开关、导线、电池盒、印制电路板和外壳组成。

问题 2： 它的电路原理是什么（参考图 3-10 所示的电路图）？

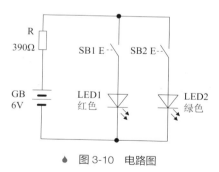

● 图 3-10　电路图

答： 并联电路大家应该不会感到陌生，每一个家庭都使用着各种电器设备，如照明灯具、电视机、电冰箱、洗衣机等，它们都是并联在 220V 的电源线上。田园路灯并联电路就是七彩灯那章的电路经过将发光二极管的位置变成两组发光二极管和开关串联这一改变而来的电路，从而实现一个开关控制一个发光二极管的功能。

五 DIY 步骤

电路焊接

1. 将红色发光二极管和绿色发光二极管的两条管脚分别用导线引出来，将导线外皮剥离接在安装面上进行焊接。焊接好后，将外皮裸露的导线用绝缘胶布裹起来，以免导线正负极短路。然后将正极引线（长脚）插在安装面上相应的"+"极上，负极引线（短脚）插在安装面上相应的"–"极上，在焊接面上进行焊接，如图 3-11 所示。

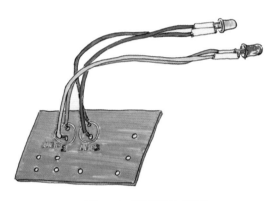

● 图 3-11　焊接发光二极管

2. 将拨动开关的两端分别用导线缠绕、焊接，将导线的另一端插在安装面上相应的孔内，并在焊接面上进行焊接，如图 3-12 所示。

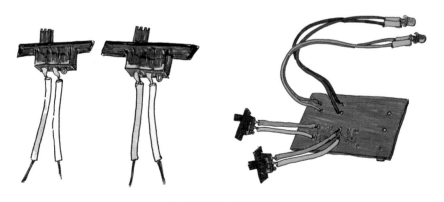

● 图 3-12　焊接开关

3. 用色标法或万用表 R×100Ω 挡，找到 390Ω 的电阻，最好将电阻卧式放置，弯曲两条管脚，将它们插入电路板的安装面上。将电烙铁涂上焊锡，把搪好锡的电阻焊接在焊接面上，如图 3-13 所示。

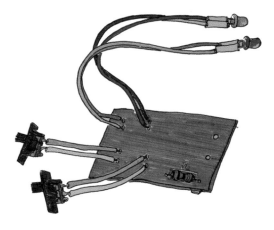

◆　图 3-13　焊接电阻

4. 将电池盒正极引线（红线）插在安装面上相应的"+"极上，负极引线（黑线）插在安装面上相应的"-"极上，并在焊接面上进行焊接。检查无误后，装上电池，打开其中一路开关，若发光二极管亮起红光或绿光，则表明电路焊接成功，如图 3-14 所示。

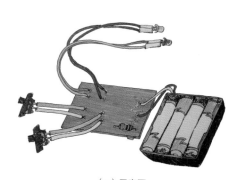

（a）示意图

（b）实物图

◆　图 3-14　焊接电池盒

组装外壳

1. 拼装灯罩

田园路灯有两个灯罩，先拼装一个，再按照相同的步骤将另一个灯罩拼装好。
灯罩顶部的小圆孔可以用来安放发光二极管，如图 3-15 所示。

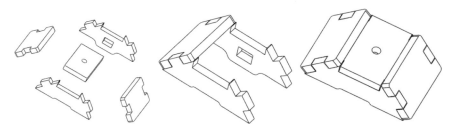

❤ 图 3-15　拼装灯罩

2. 拼装灯杆

灯杆的零件一共有 4 个，两两组合可以做出两个灯杆，零件之间的连接材料
可以使用乳胶，如图 3-16 所示。

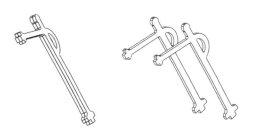

❤ 图 3-16　拼装灯杆

3. 组合灯杆与灯罩

在组合时，可以将发光二极管固定在灯罩中间的孔中，如图 3-17 所示。

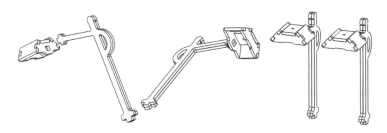

❤ 图 3-17　组合灯杆与灯罩

4. 安装开关

用螺丝和螺母将开关两端固定在底座上，底座上表面的边缘处有两个小半圆孔，方便电线穿过，如图 3-18 所示。

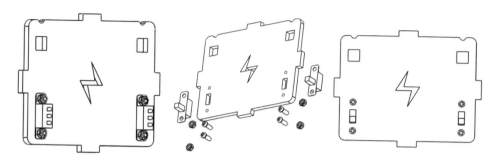

♦ 图 3-18 安装开关

5. 拼装底座

按顺序将底座四周拼装好，如图 3-19 所示。

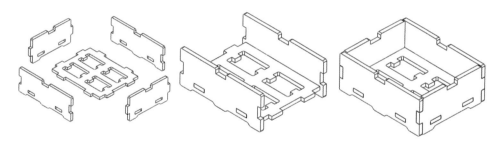

♦ 图 3-19 拼装底座

6. 拼装底座上表面

在拼装中，注意发光二极管的导线可由上盖的两个小半圆孔穿出，如图 3-20 所示。

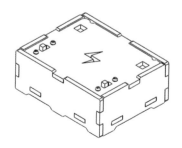

♦ 图 3-20 拼装底座上表面

7. 固定灯杆与底座

最后将灯杆与底座拼在一起，将电池盒、电路板等放到路灯底座中，如图 3-21 所示。

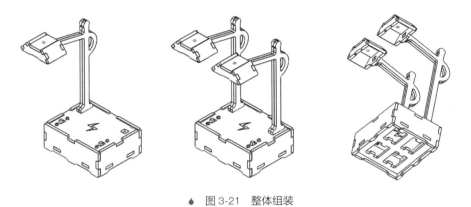

● 图 3-21　整体组装

创客秀

田园路灯制作完成，思考一下还可以怎样改进呢？

1. 如果将 6V 电压改为 3V 还可以点亮两个发光二极管吗？如果可以，请说明原因。

2. 如果再多一个发光二极管，将怎样连接到电路中？最多可以连接多少个发光二极管？如图 3-22 所示。

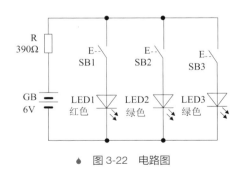

● 图 3-22　电路图

3. 如果把开关去掉，将电阻换成光敏电阻，达到当有光照射时（白天），发光二极管不亮；当无光照射时（黑天），发光二极管点亮，思考一下怎样改进电路。

六 提升制作质量的小贴士

1. 在焊接实验过程中，检查电路连接无误后再接通电源，发现电路工作不正常时要及时切断电源，排除故障后再继续焊接。

2. 熟悉焊接中所用电子元器件的技术参数、外观和使用方法。掌握电阻标称阻值的色标法，发光二极管极性识别及其在电路中的连接。

3. 思考如果每个发光二极管各串联一个电阻，两路指示灯就不会互相牵制了，特别是发光颜色不同的发光二极管。如果把发光二极管串联的开关、电阻互相换个位置，你还能把相应的电路搭接出来，说明你已经初步掌握了电路搭接的方法。

七 小小工程师的笔记

1. 并联电路：两个发光二极管首首相接，同时尾尾相连被接进电路中，我们说这两个二极管是并联关系。

2. 并联电路特点。

（1）所有并联元器件的端电压相同。

（2）并联电路的总电流是流过所有元器件的电流之和。

3. 在电路制作时，若需要一个 5Ω 的电阻，可以用两个 10Ω 的电阻并联起来代用。

第四章 电报机

在过去，电报机是人们用来传送信息的机器。经过美国画家莫尔斯3年的钻研之后，在 1837 年，第一台电报机问世。莫尔斯成功地用电流的"通""断"和"长短"代替了人类用文字传送信息的方式，产生了鼎鼎大名的莫尔斯电码。让我们自己动手制作电报机，试一试当"特工"的感觉，比一比哪组"特工"发送的电文最多、最快！

■ 挑战目标

1. 熟悉电路的并联关系，了解实验中所用蜂鸣器的工作原理和使用方法。

2. 完成蜂鸣器的连接，熟练并联电路的连接方法。

3. 了解国际电码表及电报通信的相关知识，尝试用电报机发出电码信号，对方收到后再根据电码表译出电文。

■ 预期成果

按下电报机开关，红色指示灯亮起，蜂鸣器响起来，电报机的实物如图 4-1 所示。实现此功能的主要是蜂鸣器，蜂鸣器是一种能够产生音频叫声的电声器件。在连接电路时，将蜂鸣器的正极引脚接电源正极，让电流从正极流进电子蜂鸣器，这样我们就可以通过蜂鸣器的通断进行发报，完成电码收发练习。

● 图 4-1 电报机

三 制作所需材料

1. 红色发光二极管，数量 1 个，直径 5mm。它由长度不同的两条管脚引出，长管脚为正极，短管脚为负极，能发出红色的光，如图 4-2 所示。

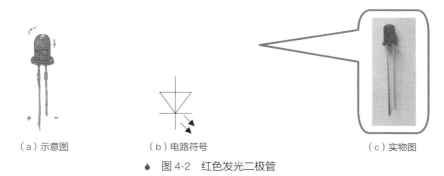

（a）示意图　　　　　（b）电路符号　　　　　（c）实物图

● 图 4-2 红色发光二极管

2. 蜂鸣器，数量 1 个。它由长度不同的两条管脚引出，长管脚为正极，短管脚为负极，有电流通过时会发出声音，如图 4-3 所示。

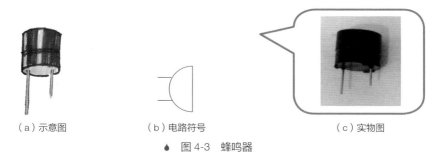

（a）示意图　　　　　（b）电路符号　　　　　（c）实物图

● 图 4-3 蜂鸣器

3.电阻，数量1个，阻值390Ω，阻值标示采用色环法，其色环依次为橙色环、白色环、黑色环、黑色环、金色环，如图4-4所示。

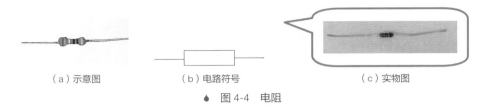

（a）示意图　　　　（b）电路符号　　　　（c）实物图

◆ 图4-4　电阻

4.限位开关，数量1个。限位开关的功能主要是控制电路的通断，如图4-5所示。

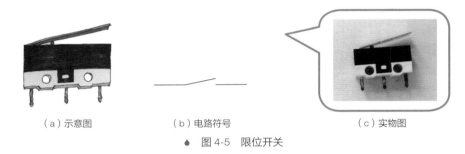

（a）示意图　　　　（b）电路符号　　　　（c）实物图

◆ 图4-5　限位开关

5.导线，数量6条，如图4-6所示。

（a）示意图　　　　（b）电路符号

◆ 图4-6　导线

6.电池盒，数量1个。电池盒有两根导线，红导线连接电源正极，黑导线连接电源负极，如图4-7所示。

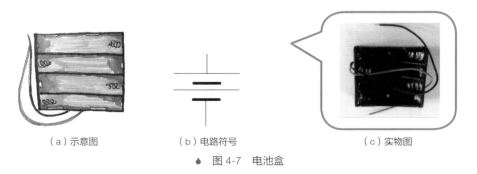

（a）示意图　　　　（b）电路符号　　　　（c）实物图

◆ 图4-7　电池盒

7. 印制电路板，数量 1 块，如图 4-8 所示。

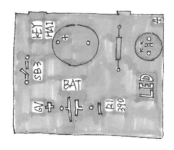
（a）示意图

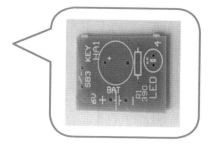
（b）实物图

🌢 图 4-8　印制电路板

8. 外壳，数量 1 套，木质材料，如图 4-9 所示。

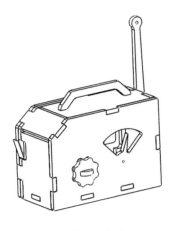

🌢 图 4-9　外壳

凹 挖掘电路的秘密

问题 1： 电报机由哪几部分组成？

答： 它由限位开关、电阻、红色发光二极管、蜂鸣器、电池盒、印制电路板、导线和外壳组成。

问题 2： 它的电路原理是什么（参考图 4-10 所示的电路图）？

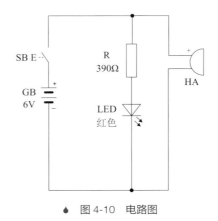

● 图 4-10 电路图

答： 在电路中，电阻 R、红色发光二极管 LED 和蜂鸣器 HA 组成"电报机"。当发报电键开关 SB 闭合时，电源 GB 接通，红色发光二极管 LED 被点亮，蜂鸣器 HA 发声，产生声光信号的效果。

五 DIY 步骤

电路焊接

1. 用色标法或万用表 R×100Ω 挡，找到 390Ω 的电阻，电阻最好卧式放置，弯曲两条管脚，将它们插入电路板的安装面上。将电烙铁涂上焊锡，把搪好锡的电阻焊接在焊接面上，如图 4-11 所示。

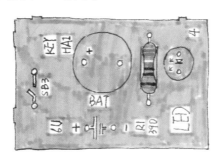

● 图 4-11 焊接电阻

2. 拿出发光二极管，将发光二极管的两条管脚分别用导线缠绕起来，进行焊接。焊接好后，将裸露在外面的导线用绝缘胶布裹起来，以免导线正负极短路。然后将正极引线（长脚）插在安装面上相应的"+"极上，负极引线（短脚）插在安装面上相应的"－"极上，在焊接面上分别进行焊接，如图 4-12 所示。

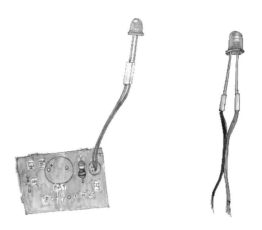

● 图 4-12 焊接发光二极管

3. 将蜂鸣器的两条管脚分别用导线缠绕起来，进行焊接。焊接好后，将裸露在外面的导线用绝缘胶布裹起来，以免导线正负极短路。将蜂鸣器的正极引线（长管脚）与电阻一端相连，负极引线（短管脚）并联在红色发光二极管的负极上，在焊接面上分别进行焊接，如图 4-13 所示。

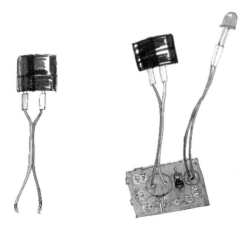

● 图 4-13 焊接蜂鸣器

4. 将限位开关的两端分别用导线缠绕并进行焊接，将导线的另一端引出来，插在安装面上相应的孔内，并在焊接面上进行焊接，如图 4-14 所示。

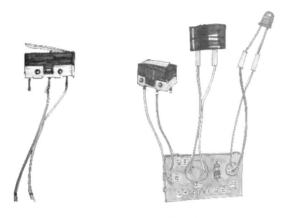

♦ 图 4-14 焊接开关

5. 将电池盒正极引线（红线）插在安装面上相应的"+"极上，负极引线（黑线）插在安装面上相应的"-"极上，并在焊接面上进行焊接。检查无误后，装上电池，按一下开关，若蜂鸣器响起，发光二极管亮起，同时产生"嘀嗒嘀嗒"的声音效果，则表明电路焊接成功，如图 4-15 所示。

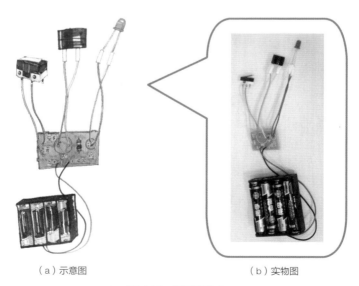

（a）示意图 （b）实物图

♦ 图 4-15 焊接电池盒

组装外壳

1. 固定开关与发报机背板（使用规格为 M2×12 的螺钉进行固定）

在安装时请注意限位开关的方向，如图 4-16 所示。

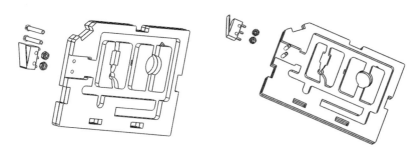

● 图 4-16 固定开关与发报机背板

2. 拼装蜂鸣器套筒（用来固定蜂鸣器）

在拼装时请注意放置大小圆环的顺序，上面有小圆圈的圆环放在最外面，用 3 个锁定块将它们锁定，如图 4-17 所示。

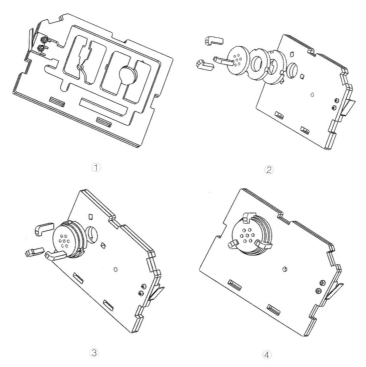

● 图 4-17 拼装蜂鸣器套筒

3. 拼装电报机侧面（侧面由 5 块板组成）

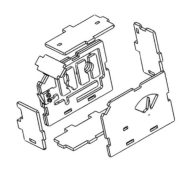

● 图 4-18　拼装电报机侧面

4. 拼装电报机的前面板以及天线等

在拼装时请按照顺序，将提手、天线、旋钮依次安装在主体上，如图 4-19 所示。

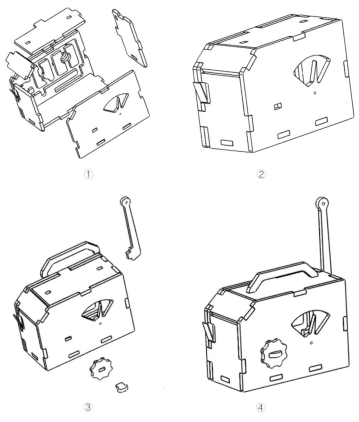

① 　　　　　　　　　②

③ 　　　　　　　　　④

● 图 4-19　拼装前面板和天线等

创客秀

电报机制作完成，思考一下还可以怎样改进呢？

1. 通过互联网检索有关现代通信的内容，例如卫星通信、宇宙探测器通信、光纤通信、移动通信、4G/5G 手机等。那么，21 世纪中期的通信工具将会是什么样子呢？大胆地去设想吧！

2. 思考一下，这个电路能否改进成激光发报，电路如图 4-20 所示。这样改进后有什么优点？

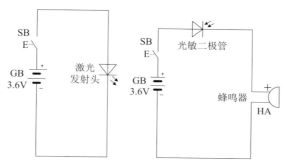

● 图 4-20　电路图

3. 想一想，如果电路中的蜂鸣器不工作，可能有哪些原因？怎样排除故障？

4. 这个电路中的蜂鸣器能否换成扬声器？请说明理由。

六　提升制作质量的小贴士

1. 熟悉电码表。电码是一种电报通信中用以传输字母、数字和标点等的代表符号。1837 年，美国画家塞缪尔·莫尔斯发明了由"·"和"—"两个符号组合而成的电码，这就是在电报通信中广泛应用的莫尔斯电码，如表 4-1 所示。

表 4-1　数字、读音及电码符号表

数　字	读　音	电　码　符　号	
		短　码	长　码
1	幺	·—	·————
2	两	··—	··———

数　字	读　音	电码符号	
		短　码	长　码
3	三	···——	···——
4	四	····—	····—
5	五	·····	·····
6	六	—····	—····
7	拐	——···	——···
8	八	—·	———··
9	勾	—·	————·
0	洞	—	—————

　　表 4-1 为数字读音及其电码符号表。1～9 和 0 这 10 个数字是用短码或长码的电码符号来传递的，而这些电码符号都是由 "·" 和 "—" 组成的，比如传输数字 1 的短码为 "·—"。其中电码表中的 "·" 读 "嘀"，读时发音要短促清脆，"—" 读 "嗒"，读时发音要均匀平稳。在进行按电码发报按键（按钮开关）练习时，按键时间短时产生 "·" 的电码信号，蜂鸣器发出短促清脆 "嘀" 的声音；按键长时，发出响亮 "嗒" 的持续声。

　　中文电码表采用 4 位阿拉伯数字作为代号，比如 "0022" 代表 "中" 字；"0948" 代表 "国" 字；"0554 0079" 代表 "北京"。中文电码表先按部首后按笔画多少排列，从 0001 到 9999 有近万个汉字、字母和符号。通常，在各大使馆、签证大厅或邮局都有标准电码表供查询使用。

　　在国际上，用点划组合代表英文字母和标点符号，字母与标点符号对应的电码符号见表 4-2，比如用 "···" 代表 "S" 字母，用 "———" 代表 "O" 字母，呼救信号 "SOS" 的电码符号为 "··· ——— ···"，英文字母 S 和 O 之间间歇 3 个点的连续发声时间。

表4-2 字母与标点电码符号表

字 母	电 码 符 号	字 母	电 码 符 号	字 母	电 码 符 号
A	· —	L	· — · ·	W	· — —
B	— · · ·	M	— —	X	— · · —
C	— · — ·	N	— ·	Y	— · — —
D	— · ·	O	— — —	Z	— — · ·
E	·	P	· — — ·	?	· · — — · ·
F	· · — ·	Q	— — · —	/	— · · — ·
G	— — ·	R	· — ·	( )	— · — — · —
H	· · · ·	S	· · ·	—	
I	· ·	T	—	。	· — · — · —
J	· — — —	U	· · —	@	· — — · — ·
K	— · —	V	· · · —		

2. 根据电码表，练习收发报。发报时要严格遵守点划的长短和间隔的时间。划"—"的发声时间是点"·"发声时间的3倍，"·"和"—"或"—"和"·"之间间歇的时间是一个"·"的发声时间。在发两个数字电码信号之间要留出3个"·"的不按电键的间歇时间，也就是一个"—"的间歇时间，以示区分两个数字电码；一组电码与另一组电码之间间歇的时间为5个"·"不间断的发声时间，只有严格遵守这些时间比例，才能做到准确收发报。由于初次练习时无法快速识别电码信号，建议收报时先用笔抄收点"·"和划"—"，然后再译出阿拉伯数字或字母。

3. 制作完电报机，可以进行一个"特工比赛"，看看哪组"特工"完成相应的任务发报最快，译码也最快，然后评选出最优小"特工"。

4. 在掌握了电报机的制作方法后，为了提高动手能力，开拓思路，可以变换已有电路，加深对电路中电子元器件工作原理的认识。

七 小小工程师的笔记

蜂鸣器：通电时能够发声的电声器件，长管脚为正极，短管脚为负极。

第五章 密码本防盗器

迷宫指的是充满复杂通道，很难从其内部找到出口或从入口到达中心的道路。如果把密码本放入迷宫，有人盗取时就会发出警报。在本实验中，我们会用到干簧管这个元器件，它是一种利用磁电转换原理制成的传感器，当磁铁靠近干簧管时，电路导通，蜂鸣器"报警"。让我们自己动手制作密码本防盗器，让电子元器件帮你保护密码本吧！

挑战目标

1. 了解晶体三极管的特点及使用方法。

2. 理解传感器的组成及各部分的功能，通过制作密码本防盗器掌握干簧管的用法。

3. 由于干簧接点被密封在玻璃管内，思考干簧管可以应用在什么样的特殊场合？设想一种在这种场合下的应用方案，从而锻炼分析和解决实际问题的能力。

预期成果

把假密码本放在抽屉中，真密码本放入防盗器内，如果有人带着磁性物体靠近防盗器，防盗器就会发出声音与光亮进行报警。如果想要看到真密码本上的密码需要紫外光，这样就可以保护真密码本，密码本防盗器的实物如图 5-1 所示。实现保密功能的干簧管是一种磁敏传感开关，当磁性物体靠近时，玻璃管内的舌簧接点闭合，蜂鸣器发声，发光二极管被点亮，防盗器进行"报警"。

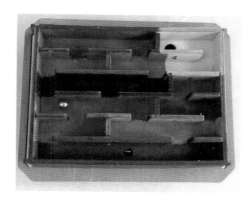

● 图 5-1 密码本防盗器

制作所需材料

1. 电阻，数量 1 个，阻值 390Ω，阻值标示采用色环法，其色环依次为橙色环、白色环、黑色环、黑色环、金色环，如图 5-2 所示。

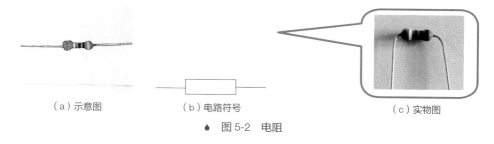

（a）示意图　　　　　　　（b）电路符号　　　　　　　（c）实物图

● 图 5-2 电阻

2. 电阻，数量 1 个，阻值 4.7kΩ，阻值标示采用色环法，其色环依次为黄色环、紫色环、黑色环、棕色环、棕色环，如图 5-3 所示。

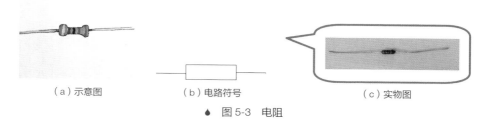

（a）示意图　　　　　　　（b）电路符号　　　　　　　（c）实物图

● 图 5-3 电阻

3. 蜂鸣器，数量 1 个。它由长度不同的两条管脚引出，长管脚为正极，短管脚为负极，有电流通过时，会发出声音，如图5-4所示。

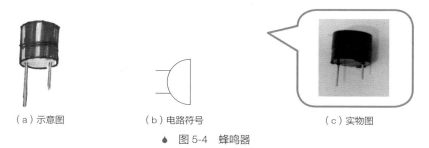

（a）示意图　　　　　（b）电路符号　　　　　（c）实物图

♦ 图5-4　蜂鸣器

4.三极管，数量1个，型号为9013。类别为NPN型三极管，由3条管脚组成，分别是集电极、基极和发射极，具有放大电流的作用，如图5-5所示。

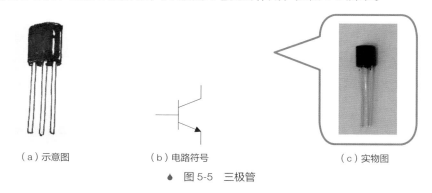

（a）示意图　　　　　（b）电路符号　　　　　（c）实物图

♦ 图5-5　三极管

5.干簧管，数量1个。是一种磁敏传感开关，当磁铁靠近时，玻璃管内的舌簧接点闭合，如图5-6所示。

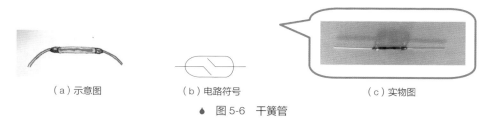

（a）示意图　　　　　（b）电路符号　　　　　（c）实物图

♦ 图5-6　干簧管

6.球形磁铁，数量1个。具有吸引铁磁性物质，如铁、镍、钴等金属的特性，如图5-7所示。

7.红色发光二极管，数量1个，直径5mm。它由长度不同的两条管脚引出，长管脚为正极，短管脚为负极，能发出红色的光，如图5-8所示。

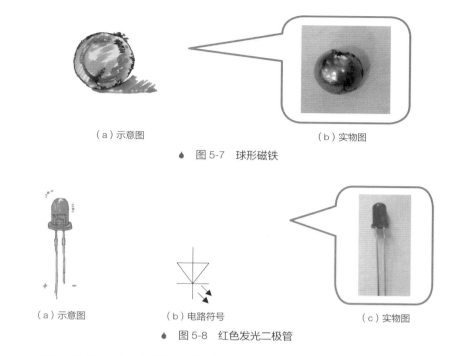

（a）示意图　　　　　　　　　　（b）实物图

◆　图 5-7　球形磁铁

（a）示意图　　　　　（b）电路符号　　　　　（c）实物图

◆　图 5-8　红色发光二极管

8. 导线，数量 6 条，如图 5-9 所示。

（a）示意图　　　　　　（b）电路符号

◆　图 5-9　导线

9. 电池盒，数量 1 个。电池盒有两根导线，红导线连接电源正极，黑导线连接电源负极，如图 5-10 所示。

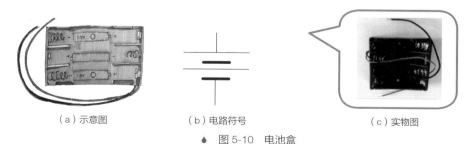

（a）示意图　　　　　（b）电路符号　　　　　（c）实物图

◆　图 5-10　电池盒

10. 印制电路板，数量 1 块，如图 5-11 所示。

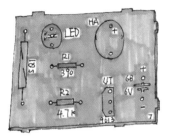

（a）示意图

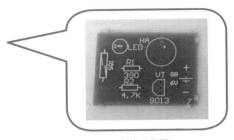

（b）实物图

◆ 图 5-11 印制电路板

11. 外壳，数量 1 套，木质材料，如图 5-12 所示。

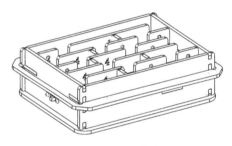

◆ 图 5-12 外壳

四 挖掘电路的秘密

问题 1： 密码本防盗器由哪几部分组成？

答： 它由电阻、红色发光二极管、三极管、蜂鸣器、干簧管、球形磁铁、电池盒、印制电路板、导线和外壳组成。

问题 2： 它的电路原理是什么（参考图 5-13 所示的电路图）？

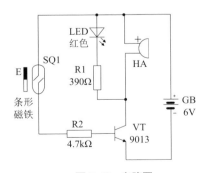

◆ 图 5-13 电路图

答: 当磁铁在迷宫中靠近干簧管时，三极管处于截止状态，电路导通，红色发光二极管点亮，蜂鸣器"报警"。

五 DIY 步骤

电路焊接

1. 将电阻 R1 一端与红色发光二极管负极相连，另一端与三极管的集电极和蜂鸣器的负极并联在一起，插在安装面上。将电阻 R2 一端与干簧管相连，另一端与三极管的基极相连，插在安装面上，分别将它们在焊接面上进行焊接，如图 5-14 所示。

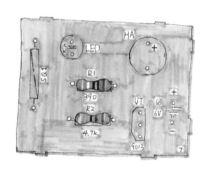

● 图 5-14 焊接电阻

2. 将发光二极管的两条管脚分别用导线缠绕起来，进行焊接。焊接好后，将裸露在外面的导线用绝缘胶布裹起来，以免导线正负极短路。然后把红色发光二极管的正极与蜂鸣器的正极连在一起，负极与电阻 R1 连在一起，插在安装面上，在焊接面上分别进行焊接，如图 5-15 所示。

 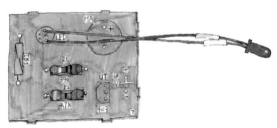

● 图 5-15 焊接发光二极管

3. 将蜂鸣器的两个管脚分别用导线缠绕起来，进行焊接。焊接好后，将裸露在外面的导线用绝缘胶布裹起来，以免导线正负极短路。把蜂鸣器的正极与发光二极管的正极和电池正极并联，负极与电阻 R1 和三极管集电极并联在一起，插在安装面上的相应位置，在焊接面上分别进行焊接，如图 5-16 所示。

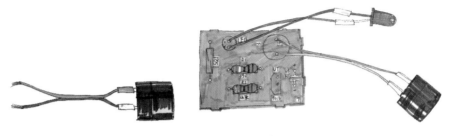

● 图 5-16　焊接蜂鸣器

4. 将干簧管的两条管脚分别用导线缠绕起来，进行焊接。焊接好后，将裸露在外面的导线用绝缘胶布裹起来，以免导线正负极短路。将干簧管的一端与红色发光二极管的正极相连，另一端与电阻 R2 相连，插在安装面上，在焊接面上分别进行焊接，如图 5-17 所示。

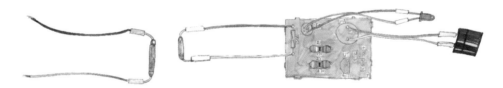

● 图 5-17　焊接干簧管

5. 将三极管的集电极与蜂鸣器和电阻 R1 并联在一起，基极与电阻 R2 连在一起，发射极接电源负极，插在安装面上，在焊接面上分别进行焊接，如图 5-18 所示。

6. 将电池盒正极引线（红线）插在安装面上相应的"+"极上，负极引线（黑线）插在安装面上相应的"-"极上，在焊接面上进行焊接。检查无误后，装上电池，当球形磁铁靠近干簧管时，若发光二极管点亮，同时蜂鸣器响起来，则表明电路焊接成功，如图 5-19 所示。

● 图 5-18　焊接三极管

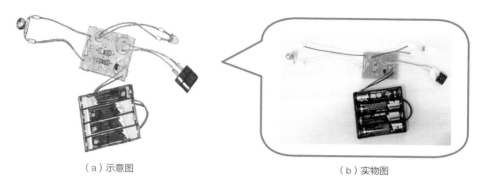

（a）示意图 　　　　　　　　　　　　　（b）实物图

● 图 5-19　焊接电池盒

组装外壳

1. 拼装防盗器中的迷宫

请注意，将零件按图中标号的顺序进行组装，如图 5-20 所示。

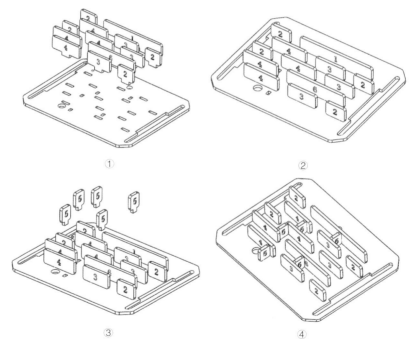

● 图 5-20　拼装防盗器中的迷宫

2. 拼装壳体

在拼装时请注意，长边与宽边是两对不同的板。在拼装过程中，如果零件之间固定得不够紧，可以使用乳胶，如图 5-21 所示。

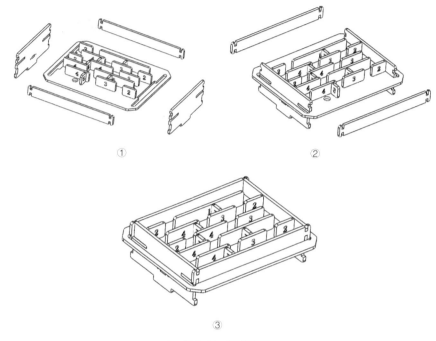

①

②

③

♦ 图 5-21 拼装壳体

3. 安装开关

在装有发光二极管的板旁边的圆孔下面固定干簧管开关，可以用胶带固定，如图 5-22 所示。

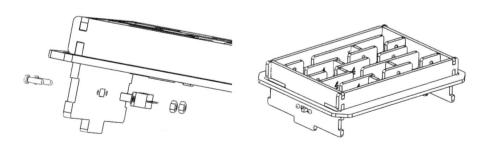

♦ 图 5-22 安装开关

4. 拼装底部

在拼装底部时要注意，需要先把电池盒用螺丝和螺母固定在底部，然后再拼装底侧板，如图 5-23 所示。

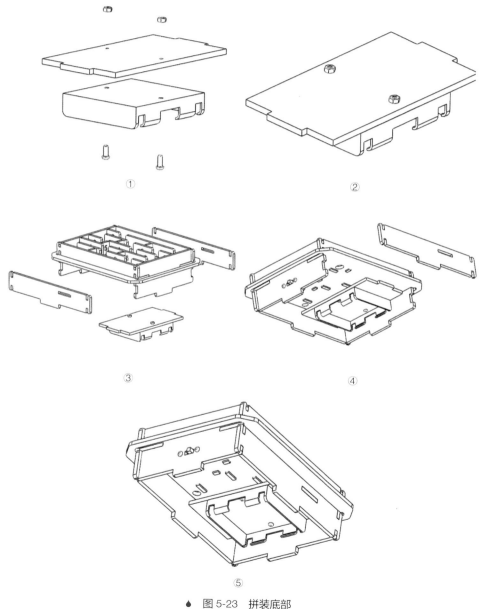

● 图 5-23　拼装底部

5.拼装底盖

在拼装底盖前，需再次检测电路功能。确认无误后，再拼装底盖，如图 5-24 所示。

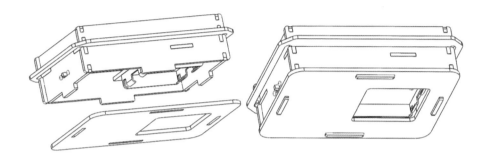

♦ 图 5-24　拼装底盖

创客秀

密码本防盗器制作完成，思考一下还可以怎样改进呢？

1.干簧管开关为什么可以做成常闭的？在实际应用中球形磁铁应该怎样放置？

2.自己设计、制作一种文物移动报警器，相互交流，选出实用性最强的装置。

3.如果改成如图 5-25 所示的电路，会实现什么效果？

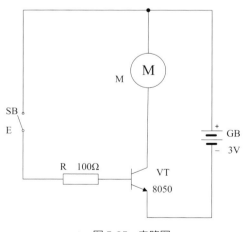

♦ 图 5-25　电路图

4.想一想，能不能将密码本防盗器改成抽屉报警器，将干簧管换成光敏电阻？

实现拉开抽屉时，有光照射到报警器上，报警器鸣叫；合上抽屉就会停止鸣叫。试着改装一下，思考还能不能改成其他的小制作？

六 提升制作质量的小贴士

1.在焊接电路时，需要特别注意不要将三极管管脚的位置焊错；同时焊接干簧管时要小心，轻轻弯折管脚，以免玻璃部分破碎。

2.思考这个防盗器的外壳还可以改成什么形状，进行一场外壳改装大赛，比一比谁的想法最好。

七 小小工程师的笔记

1.三极管的管脚：集电极、基极和发射极。

2.舌簧开关式磁敏元器件又称干簧管，当磁铁移近时，玻璃管内的舌簧接点闭合，是一种开关式的磁敏传感器。

3.给电子蜂鸣器供电时，要区分蜂鸣器的极性。在实物中，蜂鸣器顶盖标有"⊕"符号的一侧为正极。

第六章 手持安检仪

　　众所周知，干簧管元器件是一种利用磁电转换原理制成的传感器，是我们在实验中常用到的一种元器件。让我们利用干簧管动手制作一个小小的手持安检仪，比一比谁做的安检仪能在最短的时间内检测出最多的磁性"危险物"。

挑战目标

　　1. 运用所学的电子知识，焊接安检仪的电路。

　　2. 初步了解晶体三极管的开关特性及其在传感器电路中的应用，通过制作练习了解干簧管的工作原理。

　　3. 通过制作手持安检仪的练习，熟悉传感器电路中不同位置的磁敏传感器的不同功能，从而锻炼分析和解决实际问题的能力。

预期成果

　　打开安检仪的开关，当安检仪的头部靠近被检物体（内部有磁性的物体）时，电动机就会震动，安检仪发出警报，手持安检仪的实物如图 6-1 所示。实现此功能的主要是干簧管元器件，当磁铁靠近它时，玻璃管内的舌簧接点闭合。

◆　图 6-1　手持安检仪

三 制作所需材料

1. 电阻，数量 1 个，阻值 100Ω，阻值标示采用色环法，其色环依次为棕色环、黑色环、黑色环、黑色环、棕色环，如图 6-2 所示。

（a）示意图　　　　　（b）电路符号　　　　　（c）实物图

◆ 图 6-2　电阻

2. 电动机，数量 1 个。它由红黑两条软导线引出，当红线接电源正极时，电动机轴顺时针方向转动；电源反接时，电动机轴逆时针转动，如图 6-3 所示。

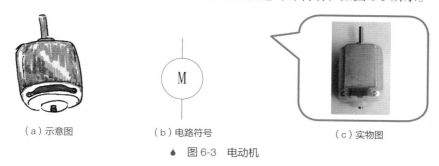

（a）示意图　　　　　（b）电路符号　　　　　（c）实物图

◆ 图 6-3　电动机

3. 三极管，数量 1 个，型号为 8050。类别为 NPN 型三极管，由 3 条管脚组成，分别是集电极、基极和发射极，如图 6-4 所示。

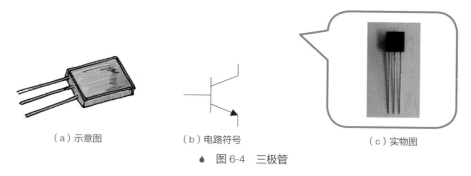

（a）示意图　　　　　（b）电路符号　　　　　（c）实物图

◆ 图 6-4　三极管

4. 干簧管，数量 1 个。是一种磁敏传感开关，当磁铁靠近时，玻璃管内的舌簧接点闭合，如图 6-5 所示。

（a）示意图　　　　　（b）电路符号　　　　　（c）实物图

❀ 图 6-5　干簧管

5. 条形磁铁，数量 1 个。具有磁力，如图 6-6 所示。

（a）示意图　　　　　　　（b）电路符号

❀ 图 6-6　条形磁铁

6. 拨动开关，数量 1 个。它两端有电极引线，拨一下开关按钮，电路接通；再拨一下，电路断开，如图 6-7 所示。

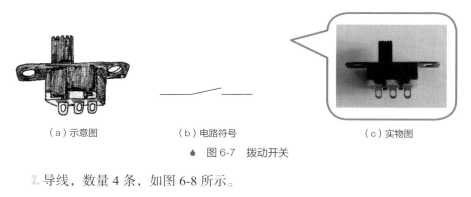

（a）示意图　　　　　（b）电路符号　　　　　（c）实物图

❀ 图 6-7　拨动开关

7. 导线，数量 4 条，如图 6-8 所示。

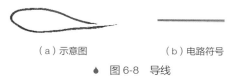

（a）示意图　　　　　（b）电路符号

❀ 图 6-8　导线

8. 电池盒，数量 1 个。电池盒有两根导线，红导线连接电源正极，黑导线连接电源负极，如图 6-9 所示。

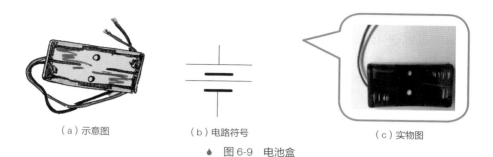

（a）示意图　　　　（b）电路符号　　　　（c）实物图

● 图 6-9　电池盒

9. 印制电路板，数量 1 块，如图 6-10 所示。

（a）示意图　　　　　　　　　　　（b）实物图

● 图 6-10　印制电路板

10. 外壳，数量 1 套，木质材料，如图 6-11 所示。

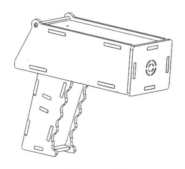

● 图 6-11　外壳

四 挖掘电路的秘密

问题 1：手持安检仪由哪几部分组成？

答： 它由拨动开关、电动机、三极管、电阻、干簧管、条形磁铁、电池盒、
印制电路板、导线和外壳组成。

问题 2： 它的电路原理是什么（参考图 6-12 所示电路图）？

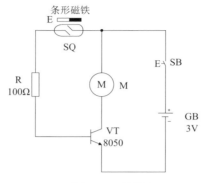

● 图 6-12 电路图

答： 当电源开关 SB 接通后，干簧管磁敏元器件 SQ 的触点保持常开状态，三
极管 VT 基极偏置电流短路，VT 为截止状态，直流电机 M 不转动。当
条形磁铁 E 靠近 SQ 时，SQ 的触点闭合，三极管基极有偏置电流，VT
处于饱和导通状态，电动机 M 转动。

五 DIY 步骤

电路焊接

1. 找到 100Ω 的电阻，最好将电阻卧式放置，弯曲两条管脚，将它们插入电
路板的安装面上。将电烙铁涂上焊剂，并在电烙铁上镀一层焊锡，把搪好锡的电
阻焊接在焊接面上，如图 6-13 所示。

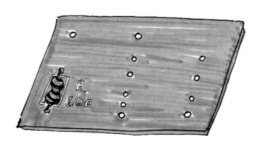

● 图 6-13 焊接电阻

2. 找出三极管，将它插在安装面上，并在焊接面上进行焊接，如图 6-14 所示。

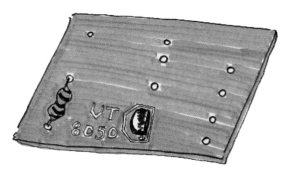

◆　图 6-14　焊接三极管

3. 找出电动机，将它的两端分别用导线缠绕起来，进行焊接。焊接好后，将裸露在外面的导线用绝缘胶布裹起来，以免导线正负极短路。再将电动机的正极引线插在安装面上相应的"+"极上，负极引线插在安装面上相应的"−"极上，在焊接面上进行焊接，如图 6-15 所示。

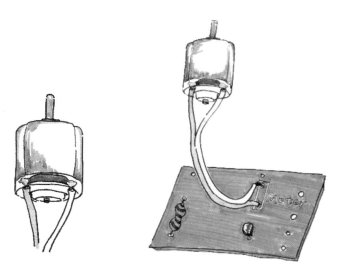

◆　图 6-15　焊接电动机

4. 将干簧管的两条管脚分别用导线缠绕起来，进行焊接。焊接好后，将裸露在外面的导线用绝缘胶布裹起来，以免导线正负极短路。将干簧管的正负极插在安装面上，在焊接面上分别进行焊接，如图 6-16 所示。

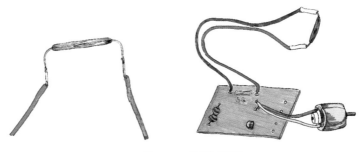

♦ 图 6-16　焊接干簧管

5. 拿出拨动开关，将它的两端分别用导线缠绕起来，进行焊接。焊接好后，插在安装面上，在焊接面上分别进行焊接，如图 6-17 所示。

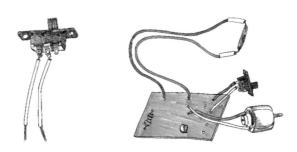

♦ 图 6-17　焊接开关

6. 将电池盒正极引线（红线）插在安装面上相应的"+"极上，负极引线（黑线）插在安装面上相应的"–"极上，在焊接面上分别进行焊接。确认电路无误后，装上电池，当磁铁靠近干簧管时，若电动机转起来，则表明电路焊接成功，如图 6-18 所示。

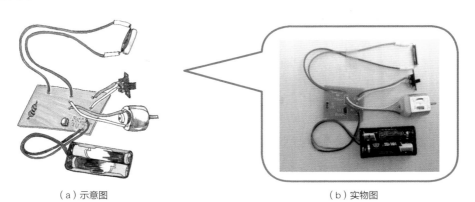

（a）示意图　　　　　　　　　　　　　　　　（b）实物图

♦ 图 6-18　焊接电池盒

组装外壳

1. 安装开关

此处使用的小螺丝的长度是 6mm，如图 6-19 所示。

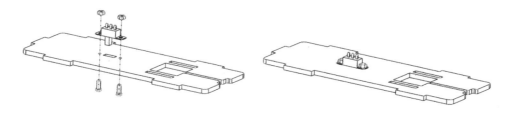

◆ 图 6-19　安装开关

2. 拼装上腔

在拼装上腔时，注意把干簧管用胶带固定在腔头"十字部分"的位置（便于检测磁性物体），如图 6-20 所示。

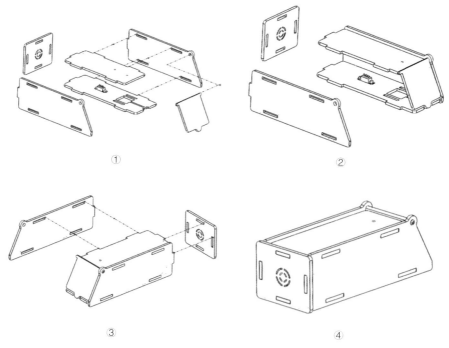

① ②

③ ④

◆ 图 6-20　拼装上腔

3. 拼装震动电动机

此步骤完成震动电动机的拼装，如图 6-21 所示。

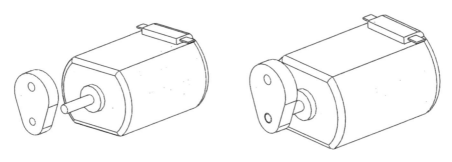

● 图 6-21 拼装震动电动机

4. 拼装把手

将电动机安装在把手位置，这样当腔头检测出磁性物体时，把手位置的电动机就会震动，安检仪发出"警报"，如图 6-22 所示。

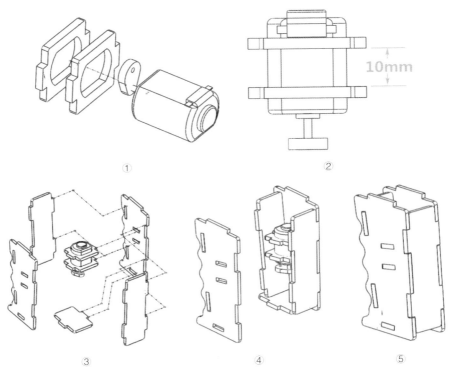

● 图 6-22 拼装把手

5.拼装整体

电路功能检查无误后，再进行整体拼装，如图 6-23 所示。

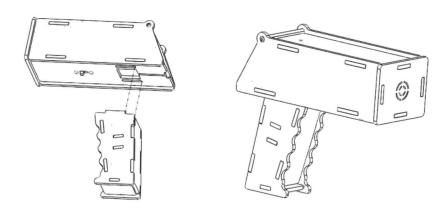

● 图 6-23　拼装整体

创客秀

手持安检仪制作完成，思考一下还可以怎样改进呢？

1.如果将手持安检仪的电路改为下面的电路（如图 6-24 所示），会产生什么效果？想一想，为什么？

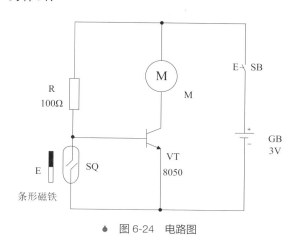

● 图 6-24　电路图

2.尝试把电动机换成蜂鸣器，会有什么效果？可以用在什么地方？

3.试一试在电动机上安装一个小扇叶，这样就变成了一个磁控小风扇，实物如图 6-25 所示。

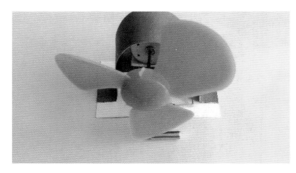

● 图 6-25　磁控小风扇

4.磁控小风扇在旋转送风时，会产生反作用力，为何不利用这个特点制作一个空气动力小车呢？自己设计一个小车，将小电风扇的底部用双面胶固定在小车上，调整好小车方向轮转弯的位置，再把条形磁铁放在干簧管开关附近。空气动力小车启动了，倘若这时遇到障碍物，条形磁铁移位，电池停止供电，小风扇慢慢地停止转动。

六 提升制作质量的小贴士

1.可以用这个安检仪进行个比赛，比如：看谁能最快找出磁性"危险品"（准备 5 个包，其中两个包里有磁性物质）。

2.思考：这个手持安检仪还可以用在哪里？或者还可以怎样进行改进？如果汽车没关好门会产生信号告之司机，可以联想到房门如果没关严能否产生提示信号或发明房门防撬报警器？考虑用什么元器件？思考：磁铁和干簧管哪个安置在转动的门板上？哪个安置在固定的门框上？为什么？设计出相关电路。想一想，这个电路还有什么其他的用途？比如，用于信箱邮件告之器、物体移位报警器、水箱水位监测器等。

七 小小工程师的笔记

1.安装电动机时要注意安装偏置圆环。

第七章 飞鸟铃

鸟是脊椎动物的一种，全世界已发现的鸟类共有 9000 多种；我国有 1400 多种。鸟类不仅有色彩艳丽的羽毛，还能唱出动听的歌声。我们用电路模拟鸟的叫声，把成果做成门铃，让电子元器件唱起来。

挑战目标

1. 学习扬声器的使用方法。

2. 初步了解晶体三极管的两大类型，学会区分 NPN 和 PNP 两类三极管的极性，通过制作练习理解三极管的另一个功能——放大电流。

3. 通过制作飞鸟铃，进一步思考这个电路还可以用在哪里，请设计出相关电路，并通过实验验证其可行性。

预期成果

按下按钮，扬声器就会发出声音，犹如鸟叫一般，飞鸟铃实物如图 7-1 所示。实现此功能的要点是三极管不仅能放大电流，还能作为信号开关控制电路。

🔹 图 7-1　飞鸟铃

三 制作所需材料

1. 电阻，数量 1 个，阻值 10kΩ。阻值采用色环法表示，其色环依次为棕色环、黑色环、黑色环、红色环、棕色环，如图 7-2 所示。

（a）示意图　　　　（b）电路符号　　　　　　　（c）实物图

◆ 图 7-2　电阻

2. 电容，数量 1 个，数值 104。104 的电容就是电容值为在 10 后面再加上 4 个 0（单位是 pF），即 100000pF，就是 0.1μF，如图 7-3 所示。电容器（简称电容）由两个相互靠近并彼此绝缘的导体构成，是一种具有充放电作用的电子元器件。

（a）示意图　　　　（b）电路符号　　　　　　　（c）实物图

◆ 图 7-3　电容

3. 三极管，数量 1 个，型号为 9013，类别为 NPN 型三极管，由 3 条管脚组成，分别是集电极、基极和发射极，具有放大电流的作用，如图 7-4 所示。

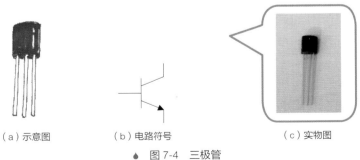

（a）示意图　　　　（b）电路符号　　　　　　　（c）实物图

◆ 图 7-4　三极管

4.三极管，数量 1 个，型号为 9012，类别为 PNP 型三极管，由 3 条管脚组成，分别是集电极、基极和发射极，具有放大电流的作用，如图 7-5 所示。

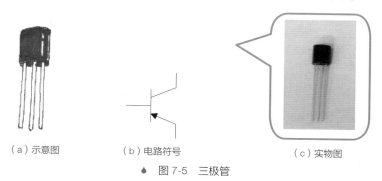

（a）示意图　　　　（b）电路符号　　　　　（c）实物图

● 图 7-5　三极管

5.按钮开关，数量 1 个。它两端有电极引线，按一下开关按钮，电路接通；再按一下，电路断开，如图 7-6 所示。

（a）示意图　　　　（b）电路符号　　　　　（c）实物图

● 图 7-6　按钮开关

6.扬声器，数量 1 个，"0.5W 8Ω"的阻抗是指在 1kHz 电流下的阻抗。流过的电流也应该以 1kHz 为标准，如图 7-7 所示。扬声器是一种把电信号转变为声信号的换能元器件。

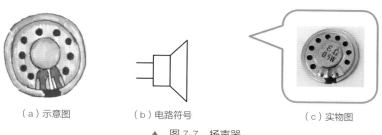

（a）示意图　　　　（b）电路符号　　　　　（c）实物图

● 图 7-7　扬声器

7. 导线，数量 4 条，如图 7-8 所示。

（a）示意图　　　　（b）电路符号

♦ 图 7-8　导线

8. 电池盒，数量 1 个。电池盒有两根导线，红导线连接电源正极，黑导线连接电源负极，如图 7-9 所示。

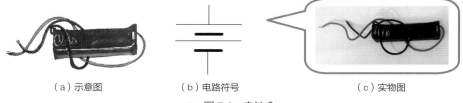

（a）示意图　　　　（b）电路符号　　　　（c）实物图

♦ 图 7-9　电池盒

9. 印制电路板，数量 1 块，如图 7-10 所示。

（a）示意图　　　　　　　　　　　　（b）实物图

♦ 图 7-10　印制电路板

10. 外壳，数量 1 套，木质材料，如图 7-11 所示。

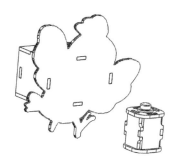

♦ 图 7-11　外壳

四 挖掘电路的秘密

问题1： 飞鸟铃由哪几部分组成？

答： 它由电容、电阻、三极管、扬声器、按钮开关、导线、电池盒、印制电路板和外壳组成。

问题2： 它的电路原理是什么（参考图 7-12 所示的电路图）？

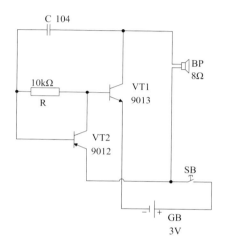

● 图 7-12 电路图

答： 按下开关后，电路接通，电容、电阻以及三极管组成的振荡电路产生振荡信号并放大，放大后的信号从扬声器中传出，这样我们就听到声音了。

五 DIY 步骤

电路焊接

1. 找到 10kΩ 的电阻，最好将电阻卧式放置，弯曲两条管脚，将它们插入电路板的安装面上。将电烙铁涂上焊锡，把搪好锡的电阻焊接在焊接面上，如图 7-13 所示。

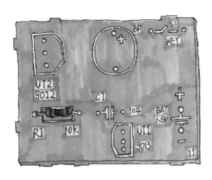

♦ 图 7-13　焊接电阻

2. 拿出瓷片电容，将它插在安装面相应的位置上，在焊接面上进行焊接，如图 7-14 所示。

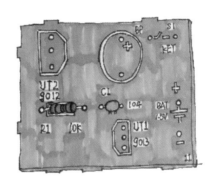

♦ 图 7-14　焊接电容

3. 拿出扬声器，在两端焊接两根导线，注意区分正极和负极，插在安装面上相应的位置上，在焊接面上分别进行焊接，如图 7-15 所示。

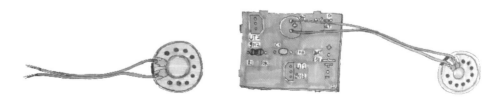

♦ 图 7-15　焊接扬声器

4. 将开关的两端分别用导线缠绕进行焊接，将导线的另一端引出来插在安装面上相应的孔内，并在焊接面上进行焊接，如图 7-16 所示。

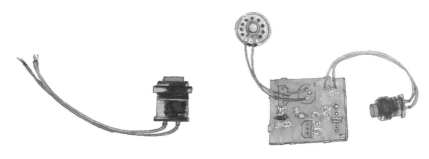

● 图 7-16　焊接开关

5. 找出两个三极管，将其中一个按照印制电路板的图形插在安装面上，在焊接面上进行焊接，另外一个用同样的方法焊接，如图 7-17 所示。

（a）示意图　　　　　　　　　　　（b）实物图

● 图 7-17　焊接三极管

6. 将电池盒正极引线（红线）插在安装面上相应的"＋"极上，负极引线（黑线）插在安装面上相应的"－"极上，并在焊接面上分别进行焊接。检查无误后，装上电池，按一下开关，若扬声器响起来，则表明电路焊接成功，如图 7-18 所示。

（a）示意图　　　　　　　　　　　（b）实物图

● 图 7-18　焊接电池盒

组装外壳

1. 组装主体

将电路放置于飞鸟铃主体中，这部分与按钮部分通过导线连接，导线从主体后盖的小豁口引出，组装主体外壳的步骤如图 7-19 所示。

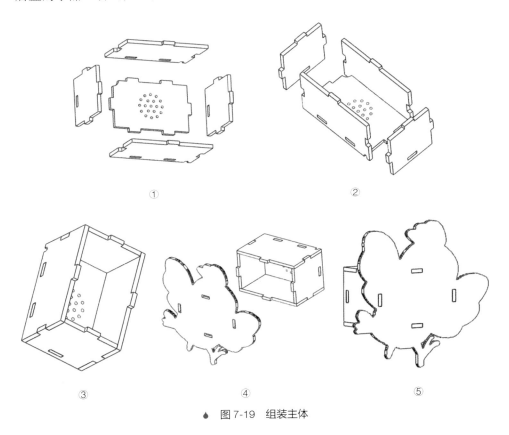

①　　　　　　②

③　　　　　　④　　　　　　⑤

◆ 图 7-19　组装主体

2. 安装开关

安装开关时，请注意把开关的固定端拧开，套在木板上，并将连接按钮的导线从底部的小圆孔引出，如图 7-20 所示。

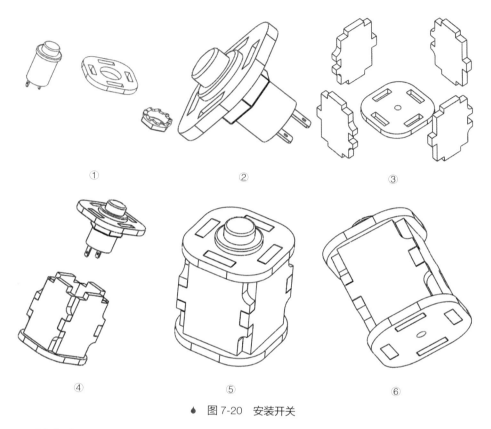

①　②　③

④　⑤　⑥

♦ 图 7-20　安装开关

创客秀

飞鸟铃制作完成，思考一下还可以怎样改进？

1. 如果将电压由 1.5V 变为 3V，电路需要怎样改进？若增加稳压二极管，需要将它放置在电路哪里呢？尝试去验证。

2. 能否把电路中的扬声器改为音乐芯片，这样按下按钮时就会传出美妙的音乐；能否把它安装在门上，这样就可以通知主人来开门。

3. 想一想，如果电路中的扬声器不工作，可能有哪些原因？怎样排除故障？

六　提升制作质量的小贴士

1. 9012 和 9013 是两种类型的三极管，9012 是 PNP 型，9013 是 NPN 型。两种三极管的使用方法有所不同，注意不要安错位置。

2.扬声器本身是不带引脚的元器件，所以在安装时要使用导线，或者将剪下的多余管脚作为连接线。

七 小小工程师的笔记

1.半导体三极管简称为三极管，它内部含有两个 PN 结，外部有 3 条管脚，分别为基极（用字母 B 表示）、集电极（用字母 C 表示）和发射极（用字母 E 表示）。电路中有很多元器件都是为三极管服务的。

2.瓷介电容使用高介电常数的陶瓷材料挤压成圆片作为介质，并用烧渗的方式将银镀在陶瓷上作为电极并通过管脚引出，通常也称为瓷片电容。瓷片电容有 2 条管脚，不区分极性。它的优点是性能稳定，体积小，分布参数影响小，适用于高稳定的振荡电路；其缺点是电容的容量偏差会大一些，容量也较小。

3.扬声器是一种十分常用的电声换能元器件，在发声的电子电气设备中都能见到它。

第八章 电荷搬运工

　　电容是指在给定电位差下自由电荷的储藏量，记为 C，国际单位是法拉（F）。一般来说，电荷在电场中会受力而移动，当导体之间有了介质，则阻碍了电荷移动而使得电荷累积在导体上，造成电荷的累积储存，储存的电荷量则称为电容。电容可以在通电的时候充电，在断开时候放电。它究竟是怎样充放电的呢？让我们一起动手制作一个"电荷搬运工"，揭开电容的秘密吧。

挑战目标

　　1. 认识电解电容的特性，知道它的极性分为正、负极，并学习电容的工作原理和使用方法。

　　2. 搭接电荷搬运工电路，通过充电点亮一个发光二极管后，再放电点亮另一个发光二极管，充分理解电容充放电的作用。

　　3. 知道电容与电阻的识别方法，方法基本相同，分为直标法、色标法和数标法 3 种。电容的基本单位用法拉（F）表示，其他单位有：毫法（mF）、微法（μF）、纳法（nF）和皮法（pF）。

预期成果

　　首先转动小电机对充电模块充电，充完电后与放电模块对接，随后点亮放电模块中的发光二极管，在这个过程中电荷犹如搬运工，"电荷搬运工"实物如图 8-1 所示。实现此功能主要是用小电机进行发电，它发电的同时往充电模块中充电，然后充电模块与放电模块对接即可放电。练习充放电，看看谁一次充的电更多，点亮发光二极管的时间更长。

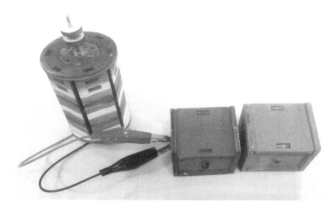

♦ 图 8-1　电荷搬运工

制作所需材料

1. 红色发光二极管，数量 1 个，直径 5mm。它由长度不同的两条管脚引出，长管脚为正极，短管脚为负极，能发出红色的光，如图 8-2 所示。

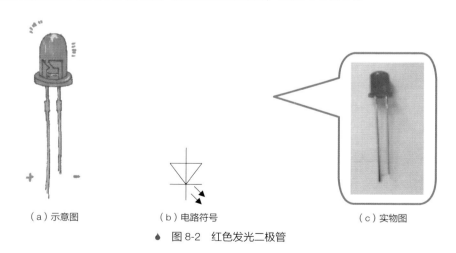

（a）示意图　　　　　　（b）电路符号　　　　　　（c）实物图

♦ 图 8-2　红色发光二极管

2. 绿色发光二极管，数量 1 个，直径 5mm。它由长度不同的两条管脚引出，长管脚为正极，短管脚为负极，能发出绿色的光，如图 8-3 所示。

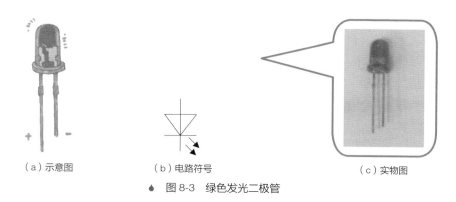

（a）示意图　　　　　（b）电路符号　　　　　（c）实物图

● 图 8-3　绿色发光二极管

3.电阻，数量 2 个，阻值均为 1kΩ，阻值标示采用色环法，其色环依次为棕色环、黑色环、黑色环、棕色环、棕色环，如图 8-4 所示。

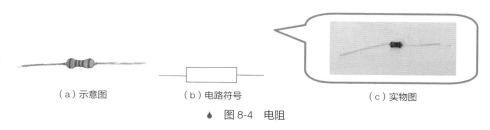

（a）示意图　　　　　（b）电路符号　　　　　（c）实物图

● 图 8-4　电阻

4.电解电容，数量 2 个，电容值均为 220μF。它由两个相互靠近并彼此绝缘的导体构成，是一种具有充放电作用的电子元器件，长管脚为正极，短管脚为负极，如图 8-5 所示。

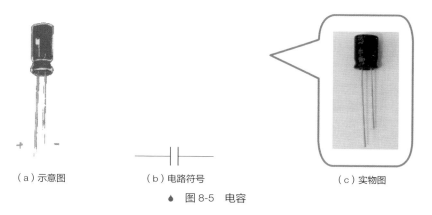

（a）示意图　　　　　（b）电路符号　　　　　（c）实物图

● 图 8-5　电容

5.小电机，数量 1 个。小电机采用特制的永磁直流电动机，能在低电压下启动，非常省电。它由红黑两条软导线引出，当红线接电源正极时，小电机轴顺时针转动；

电源反接时，小电机轴逆时针转动，如图 8-6 所示。

（a）示意图　　　　　　　　　　（b）电路符号

● 图 8-6　小电机

6.鳄鱼夹，形似鳄鱼嘴的接线端子，用作暂时性电路连接，亦称"弹簧夹""电夹"，使用时外面需要套绝缘套，如图 8-7 所示。

（a）示意图　　　　　　　　　　（b）实物图

● 图 8-7　鳄鱼夹

7.导线，数量 6 条，如图 8-8 所示。

（a）示意图　　　　　　　（b）电路符号

● 图 8-8　导线

8.印制电路板，数量 1 块，如图 8-9 所示。

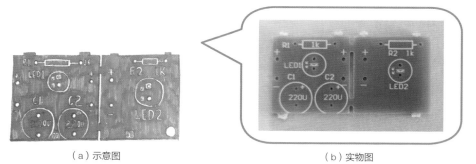

（a）示意图　　　　　　　　　　（b）实物图

● 图 8-9　印制电路板

9. 外壳，数量 1 套，木质材料，如图 8-10 所示。

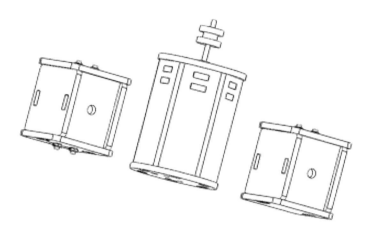

● 图 8-10 外壳

⑷ 挖掘电路的秘密

问题 1： 电荷搬运工由哪几部分组成？

答： 它由电解电容、红色发光二极管、绿色发光二极管、导线、鳄鱼夹、电阻、小电机、印制电路板和外壳组成。

问题 2： 它的电路原理是什么（参考图 8-11 所示的电路图）？

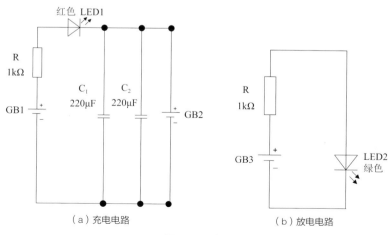

● 图 8-11 电路图

答： 将小电机与接口 GB1 用鳄鱼夹相连，手动转动小电机的轴时，GB1 两端被加上电。此时，GB1 作为电源为电路供电。在电路被接通的瞬间，由于 C_1、C_2 中无电荷，这时通过红色发光二极管的电流最大，二极管亮度最高。当 C_1、C_2 充足电后，将 GB2 与 GB3 通过鳄鱼夹相连，此时绿色发光二极管被点亮，这是由于 C_1 C_2 中储存的电荷放电。

五 DIY 步骤

电路焊接

1. 取出充电的电路板，用桃口钳剪下两段导线，将导线两端的绝缘层用剥线钳剥掉，将两段导线的一端插入电路板的安装面上。将电烙铁涂上焊剂，并在电烙铁上镀一层焊锡，对搪好锡的导线焊接，如图 8-12 所示。

（a）示意图   （b）实物图

◆ 图 8-12　焊接导线

2. 用色标法或万用表 R×1kΩ 挡，找到 1kΩ 的电阻，最好将电阻卧式放置，弯曲两条管脚，将它们插入电路板的安装面上。将电烙铁涂上焊剂，并在电烙铁上镀一层焊锡，把搪好锡的电阻焊接在焊接面上，如图 8-13 所示。

（a）示意图   （b）实物图

◆ 图 8-13　焊接电阻

3. 拿出红色发光二极管，将红色发光二极管的正极（长脚）插在安装面上相应的"+"极上，负极（短脚）插在安装面上相应的"−"极上，在焊接面上分别进行焊接，如图8-14所示。

（a）示意图　　　　　　　　　　　　　　　　　　（b）实物图

● 图8-14　焊接红色发光二极管

4.将220μF的电解电容按照印制电路板的图形插在安装面上，注意正极（长脚）插在安装面上相应的"+"极上，负极（短脚）插在安装面上相应的"−"极上，在焊接面上分别进行焊接。另外一个电解电容按照同样的方法焊接，如图8-15所示。

（a）示意图　　　　　　　　　　　　　　　　　　（b）实物图

● 图8-15　焊接电解电容

5.取出放电的电路板，用色标法或万用表R×1kΩ挡，找到1kΩ的电阻，最好将电阻卧式放置，弯曲两条管脚，将它们插入电路板的安装面上。将电烙铁涂上焊剂，并在电烙铁上镀一层焊锡，把搪好锡的电阻焊接在焊接面上，如图8-16所示。

（a）示意图　　　　　　　　　　　　　　　　　　（b）实物图

● 图8-16　焊接电阻

6. 拿出绿色发光二极管，将绿色发光二极管的正极（长脚）插在安装面上相应的"+"极上，负极（短脚）插在安装面上相应的"−"极上，在焊接面上分别进行焊接，如图 8-17 所示。

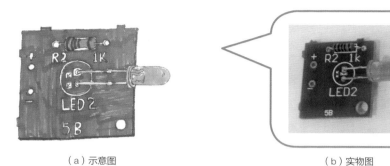

（a）示意图　　　　　　　　　　　　　　　　　　（b）实物图

◆ 图 8-17　焊接绿色发光二极管

7. 用桃口钳剪下两段导线，作为放电的接线，将导线两端的绝缘层用剥线钳剥掉，将两段导线的一端插入电路板的安装面上。将电烙铁涂上焊剂，并在电烙铁上镀一层焊锡，对搪好锡的导线进行焊接，如图 8-18 所示。

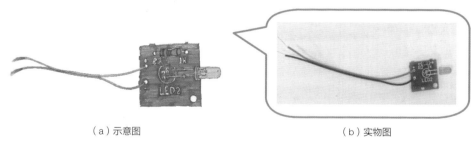

（a）示意图　　　　　　　　　　　　　　　　　　（b）实物图

◆ 图 8-18　焊接导线

组装外壳

1. 拼装小电机外壳

在拼装时先固定小电机，然后围绕小电机安装侧板，最后插入小电机的偏心块，如图 8-19 所示。

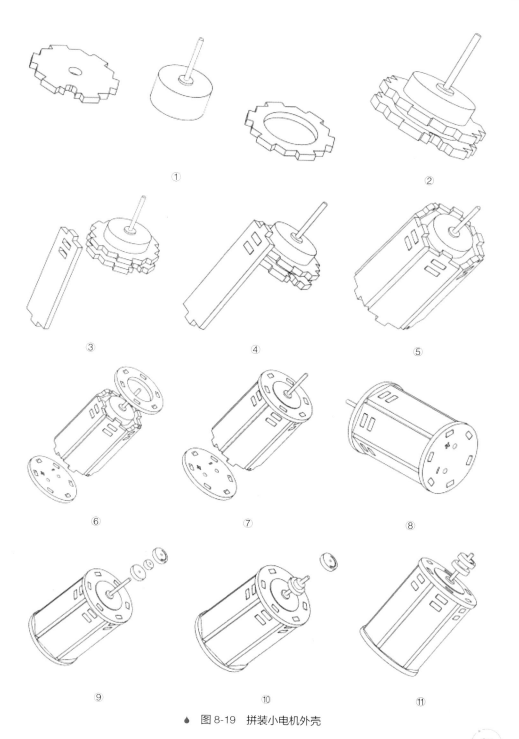

① ② ③ ④ ⑤ ⑥ ⑦ ⑧ ⑨ ⑩ ⑪

♠ 图 8-19　拼装小电机外壳

2. 拼装充电部分

我们看到充电部分有两组电极，一组用来充电，另一组用来放电，建议组装时将螺母一端朝外，这样螺丝杆就可以充当电极。固定电极的面板上标有正、负极，组装电路时需要注意区分。面板上的小圆孔可以用来固定指示灯，如图8-20所示。

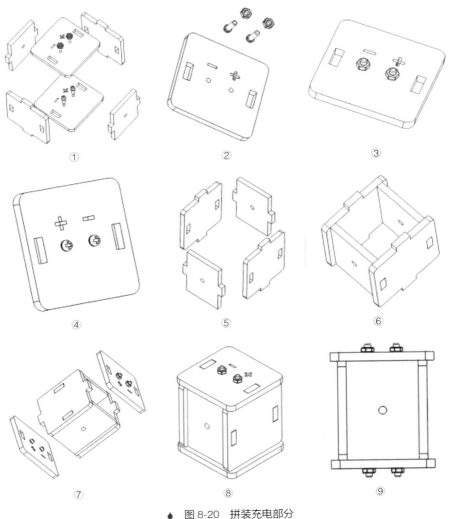

● 图 8-20　拼装充电部分

3. 拼装放电部分

放电部分的拼装和充电部分的拼装是十分相似的，它们最主要的区别在于放电部分只有一组电极，一般情况下我们使用发光二极管来充当放电部分，如

图 8-21 所示。

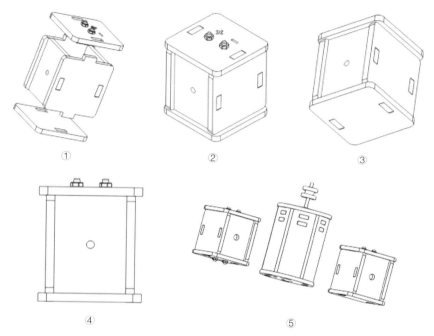

● 图 8-21 拼装放电部分

创客秀

电荷搬运工制作完成，思考一下还可以怎样改进？

1. 电荷搬运工的电路分为充电电路和放电电路，如果把这两个电路合在一起，会出现什么情况？电路图如图 8-22 所示。

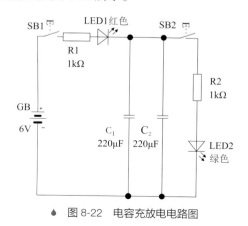

● 图 8-22 电容充放电电路图

当开关 SB1 闭合时，电源 GB 通过电阻 R1、红色发光二极管 LED1 向电容 C_1、C_2 充电。接通电源瞬间，由于 C_1、C_2 中没有电荷，其两端电压 UC 为零，这时通过红色发光二极管的电流最大，发光亮度最高。电阻 R1 具有限流的作用，R1 的阻值越大，红色发光二极管的瞬间电流（最大电流）越小，但闪亮的时间会变长，即向电容器充电的时间越长。

图 8-22 中电路右方为电容的放电电路，由开关 SB2、电阻 R2、绿色发光二极管 LED2 和并联的电容 C_1、C_2 组成。当电容 C_1、C_2 充足电后，断开开关 SB1，此时电容器 C_1、C_2 与电源 GB 脱离，这时再闭合 SB2，绿色发光二极管闪亮，这是电容器 C_1、C_2 中存储的电荷放电造成的，说明电容能够储存电荷。电容放电时，随着电容中存储的电荷不断减少，其两端电压急剧减小，放电电流也随之按指数规律急剧减小。在电容的放电电路中，电容的电容量越大，限流电阻（放电阻）的电阻值越大，电容的放电时间也越长。显然，限流电阻 R2 的电阻值 R 与充电电容的电容量 C 两者的乘积 RC 越大，充放电所需要的时间也越长，因此把 RC 的乘积叫作阻容充放电电路的时间常数，用希腊字母 τ 来表示，即

$$\tau = R \times C$$

当电阻的单位为 Ω，电容的单位为 F 时，τ 的单位为 s。即当 $R = 1\text{k}\Omega$，$C = 440\,\mu\text{F}$ 时，$\tau = 1 \times 10^3 \times 440 \times 10^{-6} = 0.44\text{s}$。在实验时，发光二极管为什么只能瞬间闪亮，通过计算时间常数 τ 就可以得到答案。

2. 尝试用小电机发电的原理制作一个风力发电机，如图 8-23 和图 8-24 所示。

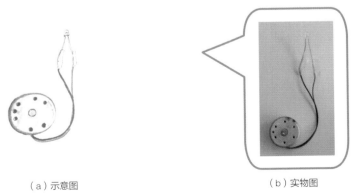

（a）示意图　　　　　　　　　　（b）实物图

● 图 8-23　风力发电机

永磁直流小电机的轴在外力的作用下转动，转子线圈在磁场中转动时会产

生电，通过换向器的同步作用，永磁直流小电机会输出直流电来，这时永磁直流小电机在一定条件下就被转换成永磁直流发电机了。尝试将扇叶插在小电机上，当有风吹动扇叶时，电机转动，从而点亮发光二极管，想一想怎样让发光二极管点亮的时间更长；或者将这个装置放在自行车上，在夜晚骑车时就可以把它当小手电使用了，赶快试一试吧。

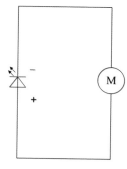

● 图 8-24 电路图

六 提升制作质量的小贴士

1. 知道电容的特性和用法。

电容器由两个相互靠近并彼此绝缘的导体构成，是一种具有充放电作用的电子元器件，是电子设备中的主要元器件之一，广泛地用于隔断直流、级间交流耦合，提供交流旁路以稳定电压、滤波或延时，以及振荡器、调谐回路、能量转换、控制电路等方面。电容通常被认为是储存电荷的"容器"，人们常用电容量来描述导体或导体系容纳电荷的能力。电容常用符号 C 表示，单位是法拉（简称法），用字母 F 表示。

2. 想想这个"电荷搬运工"还可以怎样改进？用在哪里？

七 小小工程师的笔记

1. 小电机：是一种在动力驱动下能够发出直流电的电机。

2. 电解电容：由两个相互靠近并彼此绝缘的导体构成，是一种具有充放电作用的电子元器件，长管脚为正极，短管脚为负极。

第九章 自动求救摩托车

　　骑上摩托车的那一刻，你会感觉自己是一个真正的勇士。兜风时令人窒息的感觉、风吹过身体的感觉、挑战速度的快感——两轮之上的世界是如此迷人，它吸引着人们不顾一切地想要做一回逍遥骑士。作为一名摩托车的爱好者，你有没有想过可以用电子元器件来集成一部摩托车，这个摩托车还可以自动发出求救信号，让我们自己动手制作一辆自动求救摩托车吧！

挑战目标

　　1. 认识电容，并了解实验中所用电容的工作原理和使用方法。

　　2. 学会电容充放电相关电路的连接方法，提升对电路实验的兴趣。

　　3. 了解多谐振荡器电路，尝试对电路进行简单分析。

预期成果

　　打开开关，红灯和绿灯自动交替闪烁，开启求救模式，自动求救摩托车的实物如图 9-1 所示。实现此功能的要点是振荡电路的工作原理，电容对电路充电和放电的效果。在本实验中，充电和放电过程使两个暂稳态相互交替，从而产生自激振荡。

◆　图 9-1　自动求救摩托车

三 制作所需材料

1. 红色发光二极管，数量 1 个，直径 5mm。它由长度不同的两条管脚引出，长管脚为正极，短管脚为负极，能发出红色的光，如图 9-2 所示。

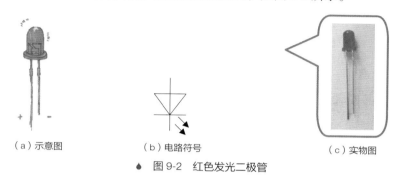

（a）示意图　　　　（b）电路符号　　　　　（c）实物图

● 图 9-2　红色发光二极管

2. 绿色发光二极管，数量 1 个，直径 5mm。它由长度不同的两条管脚引出，长管脚为正极，短管脚为负极，能发出绿色的光，如图 9-3 所示。

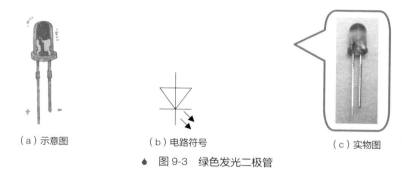

（a）示意图　　　　（b）电路符号　　　　　（c）实物图

● 图 9-3　绿色发光二极管

3. 电解电容，数量 2 个，电容值均为 47μF。电解电容的内部有储存电荷的电解质材料，分正、负极，注意不可接反，如图 9-4 所示。

（a）示意图　　　　（b）电路符号　　　　　（c）实物图

● 图 9-4　电解电容

4.电阻，数量 1 个，阻值 2kΩ，阻值标示采用色环法，其色环依次为红色环、黑色环、黑色环、棕色环、棕色环，如图 9-5 所示。

（a）示意图　　　　　　　（b）电路符号　　　　　　　（c）实物图

◆ 图9-5　电阻

5.电阻，数量 2 个，阻值均为 130kΩ，阻值标示采用色环法，其色环依次为棕色环、橙色环、黑色环、橙色环、棕色环，如图 9-6 所示。

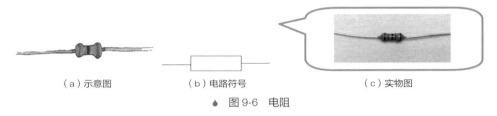

（a）示意图　　　　　　　（b）电路符号　　　　　　　（c）实物图

◆ 图9-6　电阻

6.三极管，数量 2 个，型号均为 9014，类别为 NPN 型三极管，由 3 条管脚组成，分别是集电极、基极和发射极，具有放大电流的作用，如图 9-7 所示。

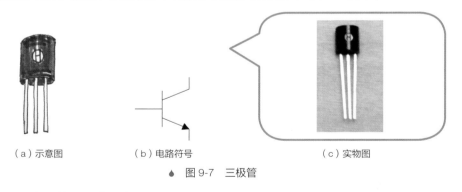

（a）示意图　　　　　　　（b）电路符号　　　　　　　（c）实物图

◆ 图9-7　三极管

7.导线，数量 6 条，如图 9-8 所示。

（a）示意图　　　　　　　　　　　（b）电路符号

◆ 图9-8　导线

8.电池盒，数量 1 个。电池盒有两根导线，红导线连接电源正极，黑导线连接电源负极，如图 9-9 所示。

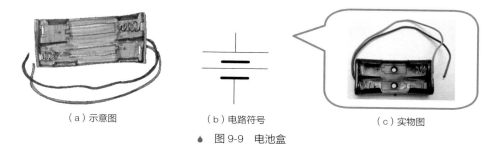

（a）示意图　　　　　　（b）电路符号　　　　　　（c）实物图

● 图9-9　电池盒

9. 印制电路板，数量 1 块，如图 9-10 所示。

（a）示意图　　　　　　　　　　　（b）实物图

● 图9-10　印制电路板

10. 外壳，数量 1 套，木质材料，如图 9-11 所示。

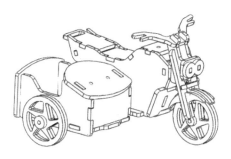

● 图9-11　外壳

挖掘电路的秘密

问题 1： 自动求救摩托车由哪几部分组成？

答： 它由红色发光二极管、绿色发光二极管、电阻、导线、电解电容、三极管、电池盒、印制电路板和外壳组成。

问题 2： 它的电路原理是什么（参考图 9-12 所示的电路图）？

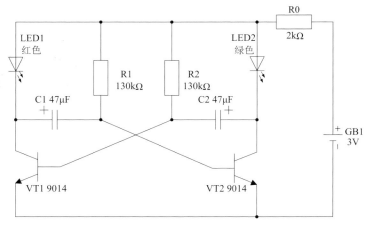

● 图 9-12　电路图

答：　　这是一个经典的多谐振荡器电路。电路的特点是始终处于两个暂稳态的交替变化之中。两个 9014 型三极管交替导通，从而红色和绿色发光二极管交替点亮。这样我们就看到"摩托车"的灯出现一闪一闪的效果了。

五 DIY 步骤

电路焊接

1. 用色标法或万用表 R×10kΩ 挡，分别找到 130kΩ 和 2kΩ 的电阻，最好将电阻卧式放置，弯曲两条管脚，将它们插入电路板的安装面上。将电烙铁涂上焊剂，并在电烙铁上镀一层焊锡，把搪好锡的电阻焊接在焊接面上，如图 9-13 所示。

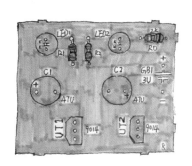

● 图 9-13　焊接电阻

2. 分别拿出红色发光二极管和绿色发光二极管，将它们的正极（长脚）插在安装面上相应的"+"极上，负极（短脚）插在安装面上相应的"–"极上，分别在焊接面上进行焊接，如图9-14所示。

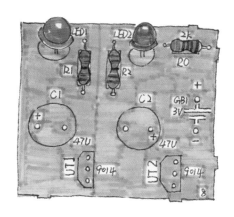

● 图9-14 焊接发光二极管

3. 将两个电解电容的正极（长脚）插在安装面上相应的"+"极上，负极（短脚）插在安装面上相应的"–"极上，分别在焊接面上进行焊接，如图9-15所示。

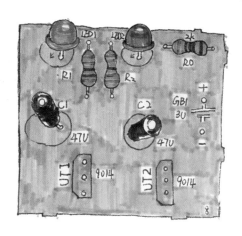

● 图9-15 焊接电解电容

4. 将两个三极管按照印制电路板的图形插在安装面上，分别在焊接面上进行焊接，如图9-16所示。

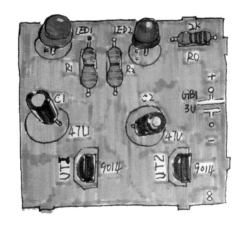

● 图 9-16　焊接三极管

5.将电池盒正极引线（红线）插在安装面上相应的"+"极上，负极引线（黑线）插在安装面上相应的"−"极上，然后在焊接面上进行焊接。检查无误后，装上电池，若红色发光二极管和绿色发光二极管交替点亮，则表明电路焊接成功，如图 9-17 所示。

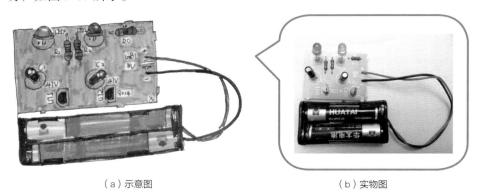

（a）示意图　　　　　　　　　　　　　　　　（b）实物图

● 图 9-17　焊接电池盒

组装外壳

1.拼装轮胎

在拼装过程中，可以用白乳胶将组成轮子的两个轮板固定在一起。此处需要完成 3 个轮胎组件的拼装，如图 9-18 所示。

♦ 图9-18　拼装轮胎

2. 拼装前轮挡泥板

此步骤需完成前轮挡泥板的拼装，如图9-19所示。

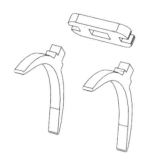
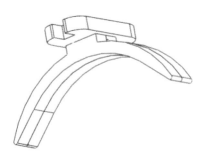

♦ 图9-19　拼装前轮挡泥板

3. 拼装前车架

此步骤需完成两组对称前车架的拼装，如图9-20所示。

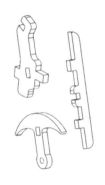
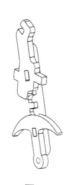

♦ 图9-20　拼装前车架

4. 组装前车架、车把、挡泥板和车轮

把前车架、车把、挡泥板和车轮组合到一起，如图9-21所示。

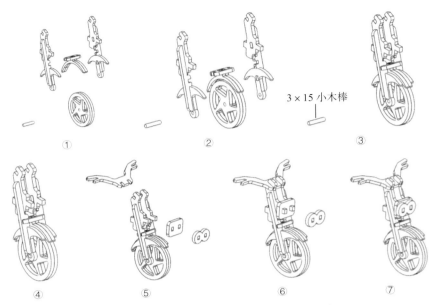

● 图 9-21　组装前车架、车把、挡泥板和车轮

5. 拼装后挡泥板

此步骤需完成后挡泥板的拼装，如图 9-22 所示。

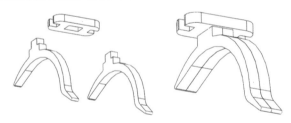

● 图 9-22　拼装后挡泥板

6. 拼装车体

此步骤需完成车体的拼装，如图 9-23 所示。

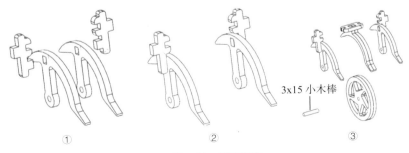

● 图 9-23　拼装车体

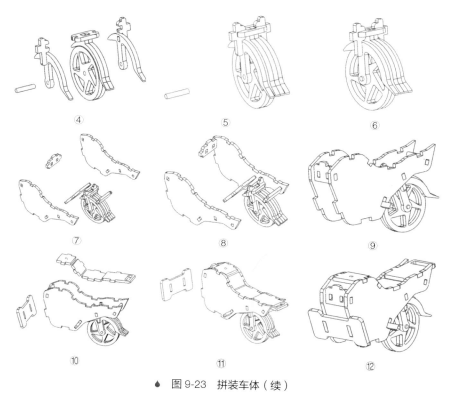

④ ⑤ ⑥

⑦ ⑧ ⑨

⑩ ⑪ ⑫

● 图 9-23 拼装车体（续）

7. 拼装挎斗

在拼装过程中要保证轮子能灵活转动，如图 9-24 所示。

① ② ③

④ ⑤ ⑥

● 图 9-24 拼装挎斗

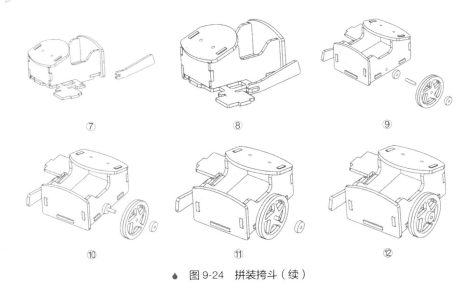

⑦ ⑧ ⑨

⑩ ⑪ ⑫

● 图 9-24 拼装挎斗（续）

8. 拼装整体

在完成拼装后，把电路部分放入挎斗中，发光二极管可放入挎斗前面板的圆孔中，如图 9-25 所示。

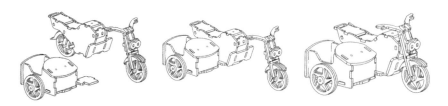

● 图 9-25 拼装整体

创客秀

自动求救摩托车制作完成，思考一下还可以怎样改进？

1. 想一想，如果将电路中 130kΩ 的电阻换成其他阻值的电阻，电路还能正常工作吗？

2. 这个电路中的三极管能否换成型号为 9013 的三极管？请说明理由。

3. 思考一下能否利用电容的充放电的特性设计一个闪光灯，如图 9-26 所示。

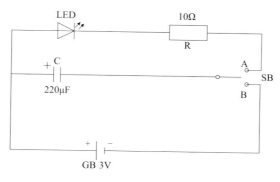

● 图9-26　电路图

当开关拨向 B 端，电容充电；拨到 A 端，电容对发光二极管放电，此时发光二极管会闪一下，类似照相机闪光灯的闪光。想一想，利用电容的充放电特性还可以设计哪些电路？

六　提升制作质量的小贴士

1. 学习多谐振荡器原理：利用深度正反馈，通过阻容耦合使两个电子元器件交替导通与截止，从而自激产生方波输出。

2. 在掌握了自动求救摩托车的制作方法后，变换已有电路进行实验，加深对电路中电子元器件工作原理的认识。

七　小小工程师的笔记

1. 电解电容的内部有储存电荷的电解质材料，分正、负极，类似于电池，不可接反。

2. 三极管其中一个类型为 NPN 型，由 3 条管脚组成，分别是集电极、基极和发射极，具有放大电流的作用。

第十章 生命探测仪

有一天，老师像平时一样给学生们上课，突然教室一阵摇晃，还没等老师反应过来，有的学生就被压在废墟下了，怎样才能让这些被压的学生摆脱困境？让我们自己动手制作一个生命探测仪，成立一个救援小组，然后比一比谁能最快找到被困者。

挑战目标

1. 会按电路图进行实物的操作，掌握三极管的特性。

2. 了解驻极体话筒、电解电容、三极管的使用方法，通过制作练习真正掌握三极管的放大电流的功能。

3. 根据所学知识，理解驻极体话筒的调试方法，并依此能够解决实际问题。

预期成果

只要周围有声音，发光二极管就会闪烁，生命探测仪的实物如图 10-1 所示。人类有两只耳朵，这种仪器却有 3 至 6 只"耳朵"。它的"耳朵"叫作"拾振器"，也叫振动传感器（驻极体话筒）。它能根据各个"耳朵"听到声音时间先后的微小差异来判断幸存者的具体位置。如果幸存者已经不能说话，只要用手指轻轻敲击物体，发出微弱的声响，它也能够"听"到。

◆ 图 10-1　生命探测仪

制作所需材料

1. 红色发光二极管，数量 1 个，直径 5mm。它由长度不同的两条管脚引出，长管脚为正极，短管脚为负极，能发出红色的光，如图 10-2 所示。

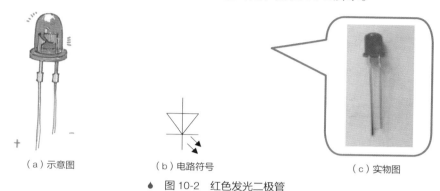

（a）示意图　　　　　（b）电路符号　　　　　（c）实物图

◆　图 10-2　红色发光二极管

2. 电阻，数量 1 个，阻值 2kΩ，阻值标示采用色环法，其色环依次为红色环、黑色环、黑色环、棕色环、棕色环，如图 10-3 所示。

（a）示意图　　　　　（b）电路符号　　　　　（c）实物图

◆　图 10-3　电阻

3. 电阻，数量 1 个，阻值 10kΩ，阻值标示采用色环法，其色环依次为棕色环、黑色环、黑色环、红色环、棕色环，如图 10-4 所示。

（a）示意图　　　　　（b）电路符号　　　　　（c）实物图

◆　图 10-4　电阻

4. 电阻，数量 1 个，阻值 100Ω，阻值标示采用色环法，其色环依次为棕色环、黑色环、黑色环、黑色环、棕色环，如图 10-5 所示。

（a）示意图 （b）电路符号 （c）实物图

● 图 10-5 电阻

5.电阻，数量 1 个，阻值 1MΩ，阻值标示采用色环法，其色环依次为棕色环、黑色环、黑色环、黄色环、棕色环，如图 10-6 所示。

（a）示意图 （b）电路符号 （c）实物图

● 图 10-6 电阻

6.电解电容，数量 1 个，电容值为 1μF。它由两个相互靠近并彼此绝缘的导体构成，长管脚为正极，短管脚为负极，如图 10-7 所示。

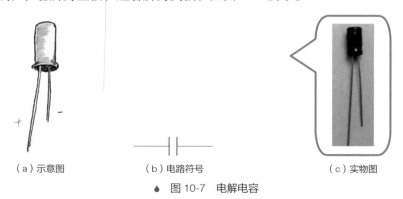

（a）示意图 （b）电路符号 （c）实物图

● 图 10-7 电解电容

7.三极管，数量 2 个，型号均为 9013。三极管是采用半导体工艺制成的一种电流或电压控制器件，由 3 条管脚组成，分别是集电极、基极和发射极，如图 10-8 所示。

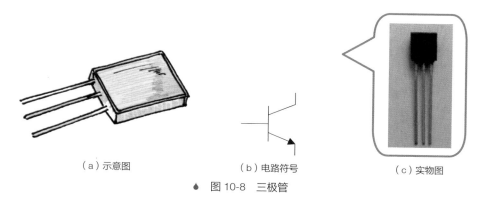

（a）示意图　　　　　　（b）电路符号　　　　　　（c）实物图

❖ 图 10-8　三极管

8. 驻极体话筒，数量 1 个。它是一种通电时能够将声能转换成电能的器件，一般来说，驻极体话筒单独的一端是正极，有 3 根斜线和外壳相连的是负极。也有另一种判断方法，就是在场效应管的栅极与源极之间接一个二极管，利用二极管的特性来判别驻极体话筒的漏极和源极。将万用表拨至 R × 1kΩ 挡，黑表笔接任一极，红表笔接另一极。再对调两表笔，比较两次测量结果，当测量出的阻值较小时，黑表笔接的是源极，红表笔接的是漏极，如图 10-9 所示。

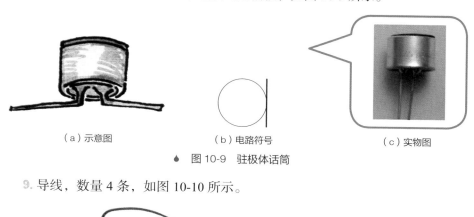

（a）示意图　　　　　　（b）电路符号　　　　　　（c）实物图

❖ 图 10-9　驻极体话筒

9. 导线，数量 4 条，如图 10-10 所示。

（a）示意图　　　　　　　　（b）电路符号

❖ 图 10-10　导线

10. 电池盒，数量 1 个。电池盒有两根导线，红导线连接电源正极，黑导线连接电源负极，如图 10-11 所示。

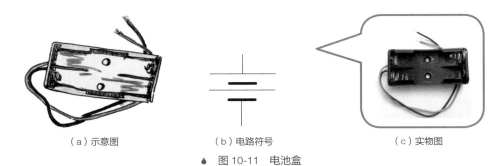

（a）示意图　　　　　　　　（b）电路符号　　　　　　　　（c）实物图

◆ 图 10-11　电池盒

11. 印制电路板，数量 1 块，如图 10-12 所示。

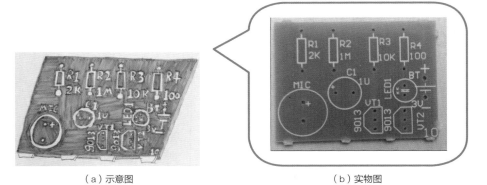

（a）示意图　　　　　　　　　　　　　　　（b）实物图

◆ 图 10-12　印制电路板

12. 外壳，数量 1 套，木质材料，如图 10-13 所示。

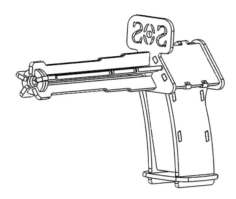

◆ 图 10-13　外壳

四 挖掘电路的秘密

问题 1： 生命探测仪由哪几部分组成？

答： 它由电阻、驻极体话筒、电解电容、三极管、红色发光二极管、电池盒、导线、印制电路板和外壳组成。

问题 2： 它的电路原理是什么（参考图 10-14 所示的电路图）？

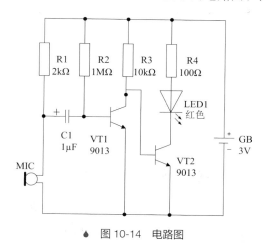

● 图 10-14 电路图

答： R1 是供电偏置电阻，驻极体话筒 MIC 拾取室内声音信号，并转换为相应的电信号，信号经电容 C1 送至三极管 VT1 的基极进行放大。三极管 VT1 和 VT2 组成两级直接耦合式信号放大器，驱动二极管 LED1 发光。

问题 3： 怎样判断驻极体话筒的灵敏度？

答： 调试时嘴离话筒约 20cm 的距离，用正常音量讲话，二极管 LED1 的光随讲话声的大小闪烁，表示电路工作良好。如需大声喊，二极管 LED1 才闪烁，说明驻极体话筒的灵敏度太低。

五 DIY 步骤

电路焊接

1. 分别找到 2kΩ、1MΩ、10kΩ、100Ω 的电阻，最好将电阻卧式放置，弯曲两条管脚，将它们插入电路板的安装面上。将电烙铁涂上焊剂，并在电烙铁上镀一层焊锡，把搪好锡的电阻焊接在焊接面上，如图 10-15 所示。

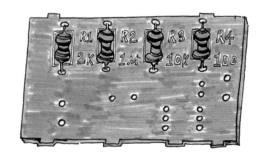

♦ 图 10-15　焊接电阻

2. 找出三极管，分别将它们按照印制电路板的图形插在安装面上，然后在焊接面上进行焊接，如图 10-16 所示。

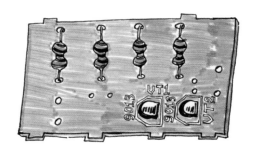

♦ 图 10-16　焊接三极管

3. 找出电解电容，按照印制电路板的图形将它插在安装面上，然后在焊接面上进行焊接，注意区分正负极，如图 10-17 所示。

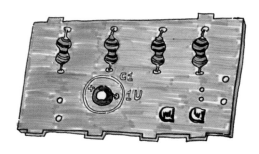

♦ 图 10-17　焊接电解电容

4. 将发光二极管的两端分别用导线缠绕起来，进行焊接。焊接好后，将裸露在外面的导线用绝缘胶布裹起来，以免导线正负极短路。然后将正极引线（长脚）插在安装面上相应的"+"极上，负极引线（短脚）插在安装面上相应的"−"极上，在焊接面上进行焊接，如图10-18所示。

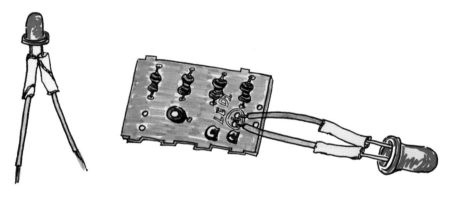

● 图10-18 焊接发光二极管

5. 将驻极体话筒的两端分别用导线缠绕起来，进行焊接。焊接好后，将裸露在外面的导线用绝缘胶布裹起来，以免裸露在外面的导线正负极短路。然后将正极引线插在安装面上相应的"+"极上，负极引线插在安装面上相应的"−"极上，在焊接面上进行焊接，如图10-19所示。

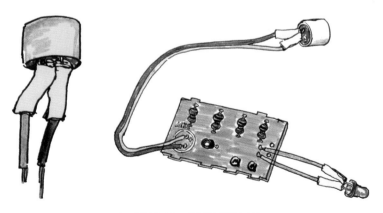

● 图10-19 焊接驻极体话筒

6. 将电池盒正极引线（红线）插在安装面上相应的"+"极上，负极引线（黑线）插在安装面上相应的"−"极上，并在焊接面上进行焊接。确认电路无误后，装上两节电池，驻极体话筒周围有声音，若发光二极管亮起来了，则表明电路焊接成功，如图 10-20 所示。

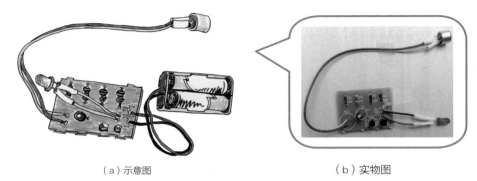

（a）示意图　　　　　　　　　　　　　（b）实物图

● 图 10-20　焊接电池盒

组装外壳

1. 组装探头

（1）在组装探头时，需将驻极体话筒的传感头放置在圆孔中进行固定，如图 10-21 所示。

● 图 10-21　组装探头（一）

（2）在材料"SOS"字母的中间部位的圆孔中放置发光二极管，如图 10-22 所示。

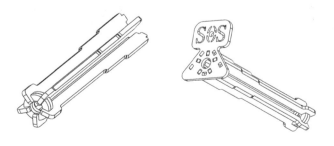

● 图 10-22　组装探头（二）

2. 拼装主体

在拼装主体前，需将电路板放置在三角形主体中，如图 10-23 所示。

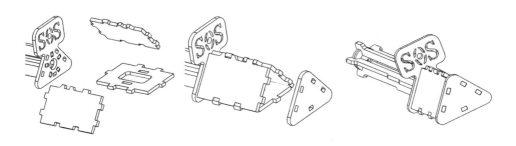

● 图 10-23　拼装主体

3. 拼装手柄

探测仪的电池盒可以放置于手柄中，拼装过程中若有些连接部位比较松散，可以使用少许乳胶进行固定，如图 10-24 所示。

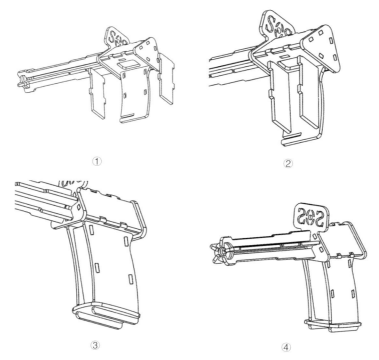

① ②
③ ④

● 图 10-24　拼装手柄

创客秀

生命探测仪制作完成，思考一下还可以怎样改进呢？

1. 将电路中的红色发光二极管换成蜂鸣器，更好地理解驻极体话筒是输入端，蜂鸣器是输出端，理解输入、输出的概念。

2. 这个电路除了用在生命探测上，还可以用来播放音乐，发光二极管一闪一闪地随音乐变化。

3. 若将红色发光二极管换成白色发光二极管后，想想这个电路还可以用在哪里？尝试将它改为楼道声控灯，或者应用于其他地方。

六 提升制作质量的小贴士

1. 了解晶体三极管及其结构

晶体三极管是采用半导体工艺制成的一种电流或电压控制元器件，它具有放大、振荡、开关等功能，同时也是集成电路的基本元器件。晶体三极管按结构可分为结型晶体管和场效应晶体管。

结型晶体管是一种电流控制元器件，如S9013、3DG100即通常所指的三极管。

图10-25为三极管结构示意图和电路符号。图（a）为三极管结构示意图，三极管由3个区（发射区、基区和集电区）、2个PN结（发射结、集电结）和3个电极（发射极、基极和集电极）构成。由于三极管的PN结必须由导电类型不同的半导体材料结合而成，3个区有图（b）、（c）两种排列方式。在图（b）中，基极为P型区，两边是N型区，形成NPN型三极管，下方为电路符号。在图（c）中基极为N型区，两边为P型区，成为PNP型三极管。NPN型三极管的电路符号中箭头指向发射极，PNP型箭头指向基极。由于电流方向即为箭头所指方向，由P区流向N区，因此NPN型三极管的电路符号中箭头方向由基极指向发射极，PNP型三极管的箭头方向则相反。

2. 在初步掌握生命探测仪的电路知识后，能够根据实际情况调整声控灵敏度。

如果声控灵敏度太低，可能是三极管VT1处于深度饱和状态，故需较大信号输入三极管VT1的基极才能使它退出导通态，解决办法是适当减小电阻R3或加大电阻R2的阻值，使三极管VT1刚好进入饱和状态。

如果声控灵敏度太高，说明三极管VT1没有进入导通状态，可适当加大电阻

R3 或减小电阻 R2 的阻值，使三极管 VT1 进入导通状态。

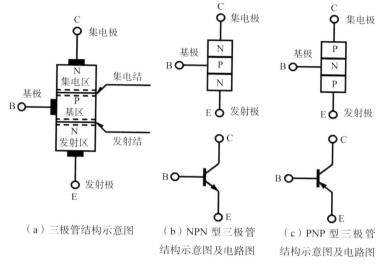

（a）三极管结构示意图　　（b）NPN 型三极管　　（c）PNP 型三极管
结构示意图及电路图　　结构示意图及电路图

● 图 10-25　三极管结构示意图及电路符号

3. 设想这个生命探测仪还可以用在哪里？比如：并联一个发光二极管，可以装在玩具上，充当玩具的眼睛；或作为听歌的装置……

七 小小工程师的笔记

1. 驻极体话筒分正极和负极。

2. 不同型号三极管的极性不同，如图 10-26 所示。

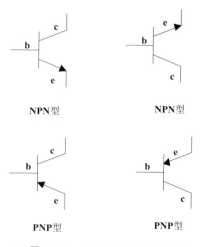

NPN型　　　　NPN型

PNP型　　　　PNP型

● 图 10-26　不同型号三极管的极性

第十一章 水罐消防车

大自然是天然的资源站，既可以给大家带来资源，又可以给大家带来灾难。如果出现火灾，消防车对灭火起重要作用。当听到消防车发出间隔 1 秒的长声 3 秒并循环反复时，是在提示大家"火火火"，这样我们就知道附近有地方起火了。下面让我们自己动手制作一台"水罐消防车"，让它响起来，提示大家注意火灾危险，比一比谁做的"消防车"声音最响亮。

一 挑战目标

1. 运用所学的电子知识，焊接"消防车"的电路。

2. 初步了解时基电路的管脚排列方式及各管脚功能，掌握时基电路的工作原理。

3. 通过制作"水罐消防车"，熟悉 555 时基电路的使用方法，理解可调电阻的功能，体验时基电路的应用场景。

二 预期成果

打开开关，扬声器就会发出模拟的"嘀呜——嘀呜"的消防车警笛声，水罐消防车模型的实物如图 11-1 所示。

三 制作所需材料

1. 555 集成电路，数量 2 个。555 时基电路采用双列直插式 8 脚塑料封装，

● 图 11-1　水罐消防车

当型号标识正置时，识别缺口下方为第1管脚，沿逆时针方向依次数出其余管脚，如图11-2所示。

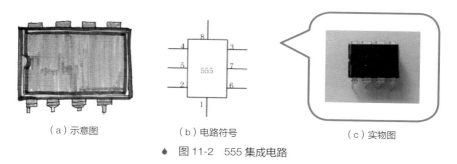

（a）示意图　　　　　（b）电路符号　　　　　　（c）实物图

◆ 图11-2 555集成电路

2.电阻，数量2个，阻值10kΩ。阻值标示采用色环法，其色环依次为棕色环、黑色环、黑色环、红色环、棕色环，如图11-3所示。

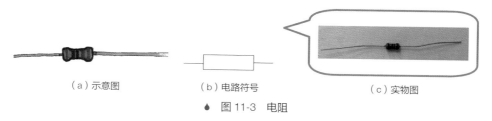

（a）示意图　　　　　（b）电路符号　　　　　　（c）实物图

◆ 图11-3 电阻

3.电阻，数量1个，阻值100kΩ。阻值标示采用色环法，其色环依次为棕色环、黑色环、黑色环、橙色环、棕色环，如图11-4所示。

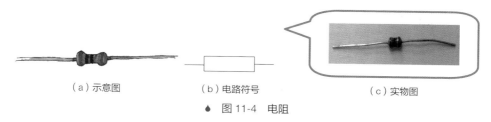

（a）示意图　　　　　（b）电路符号　　　　　　（c）实物图

◆ 图11-4 电阻

4.电阻，数量1个，阻值4.7kΩ。阻值标示采用色环法，其色环依次为黄色环、紫色环、黑色环、棕色环、棕色环，如图11-5所示。

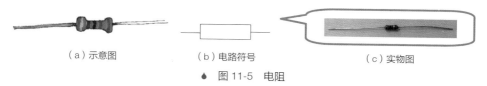

（a）示意图　　　　　（b）电路符号　　　　　　（c）实物图

◆ 图11-5 电阻

5. 电阻，数量 1 个，阻值 1kΩ。阻值标示采用色环法，其色环依次为棕色环、黑色环、黑色环、棕色环、棕色环，如图 11-6 所示。

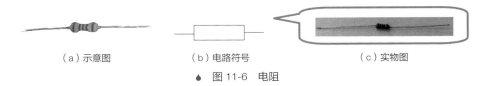

（a）示意图　　　　（b）电路符号　　　　（c）实物图

● 图 11-6　电阻

6. 电位器，数量 1 个，阻值 220kΩ。它有 3 个引出端，是阻值可按某种变化规律调节的电阻元器件，如图 11-7 所示。

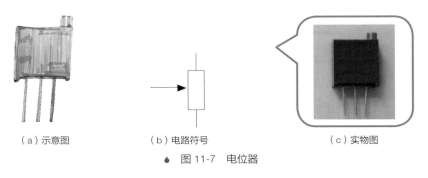

（a）示意图　　　　（b）电路符号　　　　（c）实物图

● 图 11-7　电位器

7. 三极管，数量 1 个，型号为 9012。类别为 PNP 型三极管，有 3 条管脚，分别是集电极、基极和发射极，具有放大电流的作用，如图 11-8 所示。

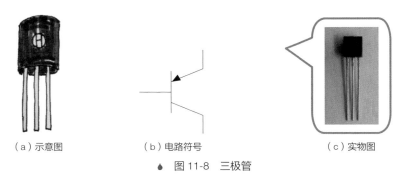

（a）示意图　　　　（b）电路符号　　　　（c）实物图

● 图 11-8　三极管

8. 二极管，数量 1 个，型号为 1N4148。它是一种小型的高速开关二极管，广泛应用于信号频率较高的电路单向导通隔离 / 通信、电脑板、电视机电路及工业控制电路，如图 11-9 所示。

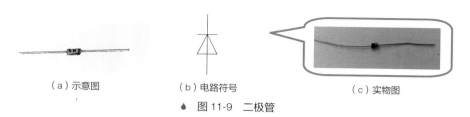

（a）示意图　　　　　（b）电路符号　　　　　（c）实物图

● 图 11-9　二极管

9.电解电容，数量 2 个，1 个电容值为 47μF，另一个为 4.7μF。电解电容的内部有储存电荷的电解质材料，分正、负极，类似于电池，注意不可接反，如图 11-10 所示。

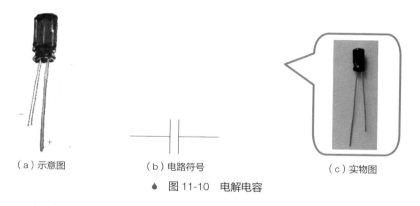

（a）示意图　　　　　　（b）电路符号　　　　　　（c）实物图

● 图 11-10　电解电容

10.电容，数量 2 个，电容值均为 0.01μF，一般用于储存电荷，如图 11-11 所示。

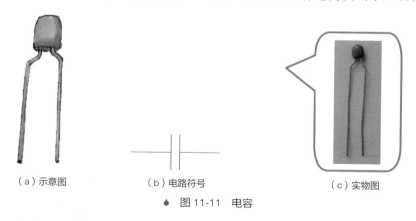

（a）示意图　　　　　　（b）电路符号　　　　　　（c）实物图

● 图 11-11　电容

11.扬声器，数量 1 个，"0.5W 8Ω"的阻抗是指在 1kHz 电流下的阻抗。流过的电流也应该以 1kHz 为标准，如图 11-12 所示。

（a）示意图

（b）电路符号

（c）实物图

● 图 11-12　扬声器

12. 拨动开关，数量 1 个。它两端有电极引线，拨一下开关按钮，电路接通；再拨一下，电路断开，如图 11-13 所示。

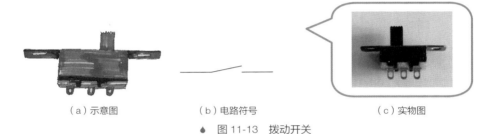

（a）示意图　　　　　　（b）电路符号　　　　　　（c）实物图

● 图 11-13　拨动开关

13. 导线，数量 4 条，如图 11-14 所示。

（a）示意图　　　　　　　　（b）电路符号

● 图 11-14　导线

14. 电池盒，数量 1 个。电池盒有两根导线，红导线连接电源正极，黑导线连接电源负极，如图 11-15 所示。

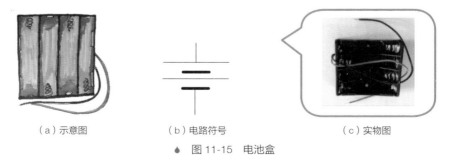

（a）示意图　　　　　　（b）电路符号　　　　　　（c）实物图

● 图 11-15　电池盒

15. 印制电路板，数量 1 块，如图 11-16 所示。

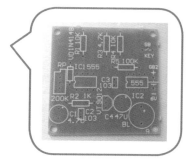

（a）示意图　　　　　　　　　　　　　　　　（b）实物图

◆ 图 11-16　印制电路板

16. 外壳，数量 1 套，木质材料，如图 11-17 所示。

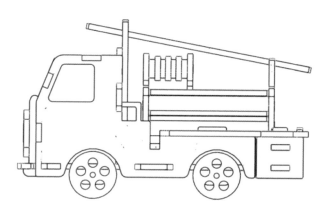

◆ 图 11-17　外壳

四 挖掘电路的秘密

问题 1： 水罐消防车由哪几部分组成？

答： 它主要由 1Hz 锯齿波振荡器、射随阻抗变换器、可变音频振荡器、印制电路板和外壳组成。

问题 2： 它的电路原理是什么（参考图 11-18 所示的电路图）？

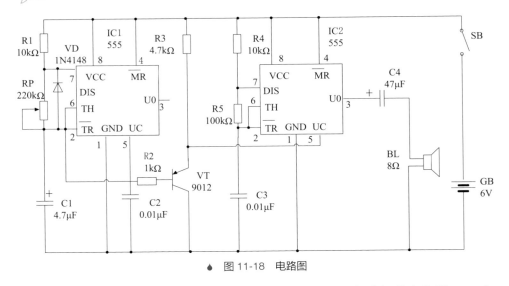

● 图 11-18 电路图

答: 锯齿波振荡器由时基电路 IC1、定时电阻器 R1、频率调节电位器 RP、定时电容 C1 和二极管 VD 等组成。当电源向定时电容 C1 充电时，由于二极管处于反向截止状态，充电电流经由 R1、RP 向 C1 充电。由于 RP 的阻值较大，因此 C1 上电压按指数规律上升较慢。当阈值端 TH 的电压 $\geq \frac{2}{3}$VCC 时，IC1 复位，放电端 DIS 处于接地状态，C1 储存的电荷通过正向导通的二极管 VD 经放电端入地。由于 VD 处于正向导通状态，其电阻值很小，可以认为 RP 被 VD 短路，因此 C1 放电迅速，形成陡峭的锯齿波下降沿波形。当 TR 电压 $\leq \frac{1}{3}$VCC 时，IC1 翻转到置位状态，DIS 处于断开状态，电源再次通过 R1、RP 向 C1 充电，如此形成锯齿波振荡。

射随阻抗变换器由 PNP 型三极管 VT、基极限流电阻器 R2 和射随电阻 R3 组成。C1 上产生的锯齿波信号通过 R2 加在 VT 的基极上，从射极负载电阻 R3 输出的锯齿波信号加在 IC2 控制端 UC 上。由于 VT 射随阻抗变换器的输入阻抗高，不会影响 C1 锯齿波振荡，输出阻抗低，能够输出驱动 UC 工作所需的信号电流（约 0.1mA），因此射随阻抗变换器起到缓冲隔离和阻抗变换的作用。

可变音频振荡器由 IC2，定时电阻 R4、R5，定时电容 C3，耦合电容 C4 和扬声器 BL 组成。当 IC2 控制端 UC 所加电压发生变化时，对振荡器产生调制作用，电压增加，振荡频率降低。由于 UC 输入的控制电压为锯齿波信号，在锯齿波下降沿时，IC2 振荡频率急剧下滑，扬声器发出"嘀"的声音，在锯齿波电压逐渐上升时，IC2 振荡频率缓慢上升，扬声器发出"呜"的声音。调节电位器 RP，使 IC1 锯齿波振荡频率为 1Hz，扬声器连续发出"嘀呜——嘀呜"的消防车警笛声。

五 DIY 步骤

电路焊接

1. 找到 10kΩ 的电阻，最好将电阻卧式放置，弯曲两条管脚，将它们插入电路板的安装面上。将电烙铁涂上焊剂，并在电烙铁上镀一层焊锡，把搪好锡的电阻焊接在焊接面上，其他电阻也按照上述方法焊接，如图 11-19 所示。

● 图 11-19　焊接电阻

2. 再找出 220kΩ 的电位器，将它按照印制电路板的图形插在安装面上，在焊接面上进行焊接，如图 11-20 所示。

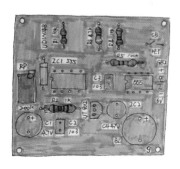

● 图 11-20　焊接电位器

3. 找出三极管，按照印制电路板的图形将它插在安装面上，在焊接面上进行焊接，如图 11-21 所示。

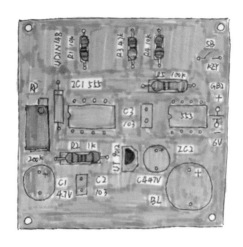

● 图 11-21　焊接三极管

4. 找出电容值为 47μF 和 4.7μF 的电解电容，插在安装面相应的位置，注意正负极之分，然后在焊接面上进行焊接，如图 11-22 所示。

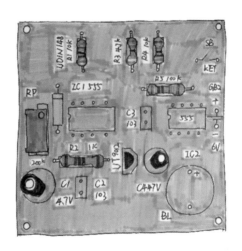

● 图 11-22　焊接电解电容

5. 找出电容值为 0.01μF 的电容，也就是 103 电容，将这两个电容插在相应位置（这种电容没有正负极之分），然后在焊接面上进行焊接，如图 11-23 所示。

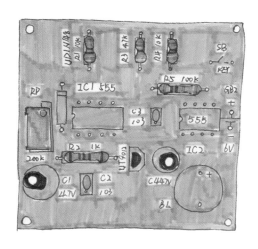

● 图 11-23　焊接电容

6. 找出扬声器，将它两端分别用导线缠绕起来，进行焊接。焊接好后，将裸露在外面的导线用绝缘胶布裹起来，以免导线正负极短路。将扬声器正极引线插在安装面上相应的"+"极上，负极引线插在安装面上相应的"−"极上，在焊接面上进行焊接，如图 11-24 所示。

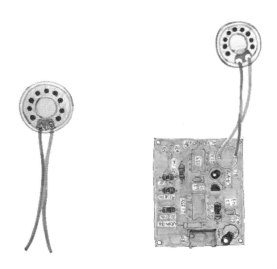

● 图 11-24　焊接扬声器

7. 拿出拨动开关，将它两端分别用导线缠绕起来，进行焊接。再将它插在安装面上，在焊接面上进行焊接，如图 11-25 所示。

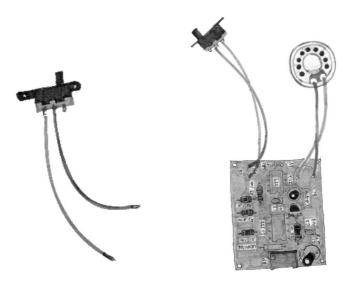

● 图 11-25　焊接开关

8. 找出稳压二极管和 555 芯片，确定引脚，插在安装面上，在焊接面上进行焊接（注意焊接芯片的时间不宜过长），如图 11-26 所示。

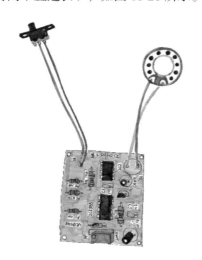

● 图 11-26　焊接稳压二极管和芯片

9. 将电池盒的正极引线（红线）插在安装面上相应的"+"上，负极引线（黑线）插在安装面上相应的"-"上，在焊接面上进行焊接。确认电路无误后，装上四节电池，若调节可调电位器，扬声器发出模拟消防车警笛的"嘀呜——嘀呜"

声，则表明电路焊接成功，如图 11-27 所示。

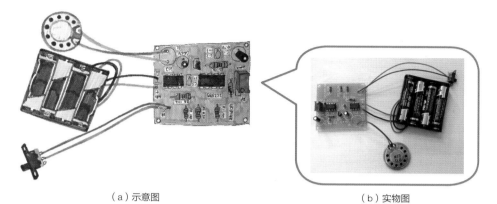

（a）示意图 　　　　　　　　　　（b）实物图

● 图 11-27　焊接电池盒

组装外壳

1. 拼装车体

在拼装过程中，将电池盒固定在车斗中，电池盒和开关用螺丝固定，将电路主板放在车座中，如图 11-28 所示。

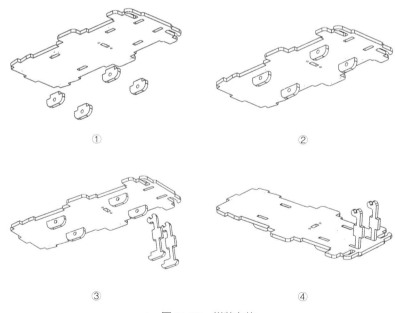

① 　　　　　　　　　　　　②

③ 　　　　　　　　　　　　④

● 图 11-28　拼装车体

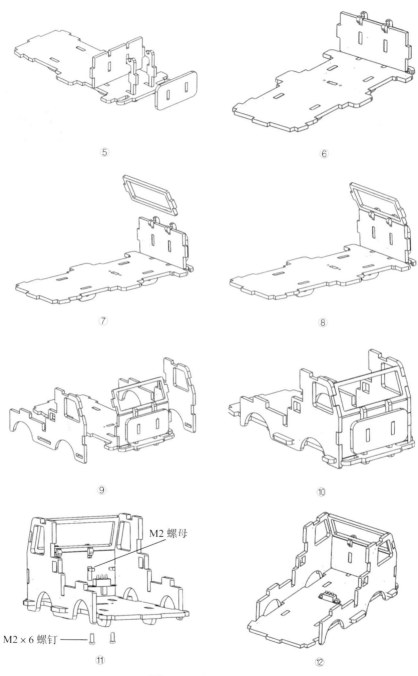

♦ 图 11-28　拼装车体（续一）

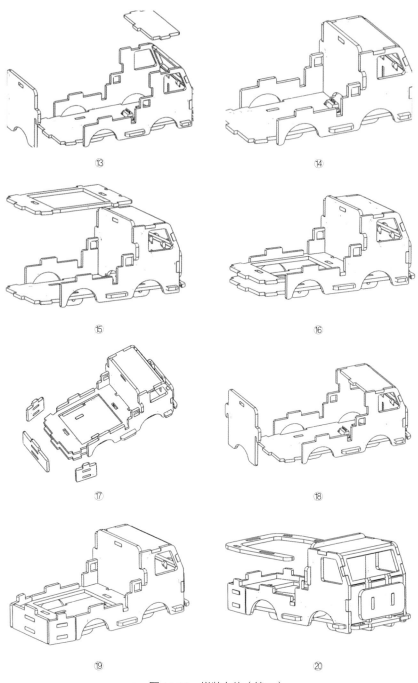

图 11-28　拼装车体（续二）

图 11-28　拼装车体（续二）

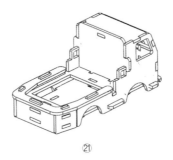

㉑

● 图 11-28 拼装车体（续三）

2. 拼装消防水箱

此步骤完成消防水箱的拼装，如图 11-29 所示。

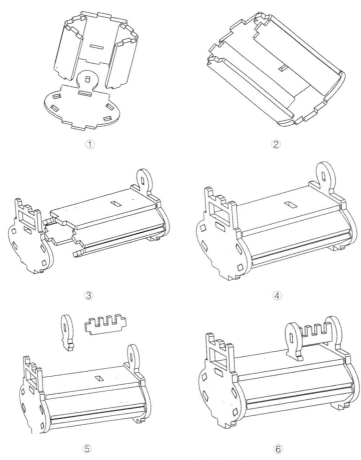

● 图 11-29 拼装消防水箱

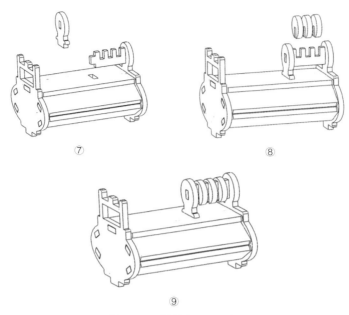

⑦　　　　　　　　⑧

⑨

♦ 图 11-29　拼装消防水箱（续）

3. 拼装水箱和云梯

拼装云梯时注意，两个云梯的长短不同，所放位置不同，如图 11-30 所示。

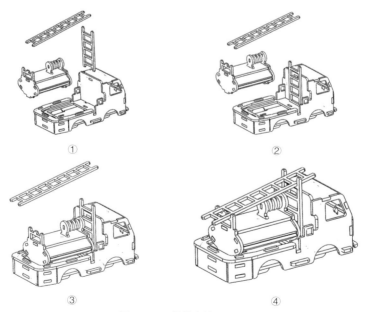

①　　　　　　　　②

③　　　　　　　　④

♦ 图 11-30　拼装水箱和云梯

4. 拼装整体

此步骤完成后，要保证轮子可以灵活转动，如图 11-31 所示。

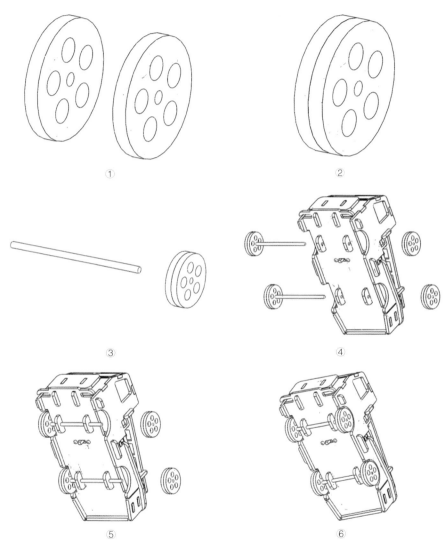

● 图 11-31　拼装整体

创客秀

水罐消防车制作完成，思考一下还可以怎样改进呢？

1. 若在上述电路中，去掉二极管 VD，扬声器发声会有什么变化？提示：定时电容 C1 放电时需要通过阻值较大的电位器 RP，使得放电时间延长，电压下降缓慢，电容 C1 上的振荡波形由锯齿波变为三角波，加在控制端 UC 上，使扬声器"嘀鸣"声变为频率逐渐上升和下降的声音；若调小 RP 的阻值，扬声器就会发出"鸣哇——鸣哇"的警车笛声。

2. 如果将二极管 VD 正负极颠倒接入电路，扬声器又会发出什么声音？

3. 如果将电容 C3 数值变换为 0.022 μF、0.22 μF 和 2200pF，再配合调节电位器 RP 的阻值，会组合出多少种声音？发挥你的想象力，寻找一个合适的象声词来形容它。

六　提升制作质量的小贴士

1. 知道时基电路内部结构、分类，比如 555 时基电路，它采用双列直插式 8 脚塑料封装，在型号标识正置时，识别缺口下方为第 1 管脚，沿逆时针方向依次数出其余管脚。时基电路分为两类：一类是 TTL 时基电路，内部集成多个晶体管、二极管和电阻，并由这些元器件组成电阻器分压器、电压比较器、R-S 触发器、输出级和放电开关电路；另一类是 CMOS 时基电路，由或非门组成 R-S 触发器，置位、复位高电平有效。TTL 时基电路采用的是由与非门组成的 R-S 触发器，置位、复位端低电平有效，因而造成这两种工艺的时基电路内部结构上的差别。

2. 555 时基电路除根据型号来判断是 TTL 还是 CMOS 类型外，还能用万用表来检测，具体方法是：用万用表 R×1kΩ 电阻量程测量时基电路正电源输入端第 8 脚与控制端 UC 第 5 脚之间的电阻值，电阻值较小（5kΩ）的为 TTL 时基电路，阻值较大（100kΩ）的为 CMOS 时基电路；或者将黑表笔接第 8 脚，红表笔接第 1 脚，测得阻值约 15kΩ 的为 TTL 时基电路。最可靠的方法是测量时基电路输出端第 3 脚驱动负载的能力，TTL 时基电路可以输出 200mA 的电流，CMOS 时基电路仅为 20mA。

3. 拼装消防车，在拼装的过程中，认识消防车的每个部件，理解消防车的结构，不仅锻炼学生的动手能力，还能从小树立消防意识。

七　小小工程师的笔记

1. 时基电路是一种模拟与数字电路相结合的混合集成电路，分为 TTL 和

CMOS 两大类，由于制作工艺不同，其内部结构及特性参数有差别，但是它们的外形、引脚功能及逻辑功能是相同的。

2. 555 时基电路的外形及管脚引线的排列如图 11-32 所示：图（a）为 555 时基电路外形示意图，采用双列直插式 8 脚塑料封装，当型号标识正置时，识别缺口下方为第 1 管脚，沿逆时针方向依次数出其余管脚；图（b）为 555 时基电路管脚排列图。

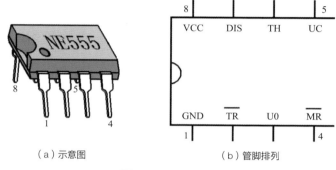

（a）示意图 （b）管脚排列

● 图 11-32 555 集成电路

3. 安装可调电位器时，要注意适当调节位置，这样电路才能发出消防警笛声。

第十二章 留言机

当你外出或有事时，通常会给家人或同事写个留言条，告知缘由，但是有时我们会不会提笔忘字呢？会不会因为要写的东西太多而字迹就潦草了呢？下面让我们自己动手制作一个留言机，这样就不用为写留言条发愁了。

挑战目标

1. 运用所学的电子电路知识，焊接留言机的电路。
2. 初步了解 ISD1820 语音芯片，掌握语音芯片的工作原理。
3. 通过制作留言机，熟悉语音芯片的使用方法，体验多种放音方式。

预期成果

按下不同的播放键，会听到不同播放模式的留言，留言机的实物如图 12-1 所示。留言机的功能主要依靠语音芯片、驻极体话筒、扬声器以及电容实现，希望大家通过本实验理解语音芯片的管脚排列方式及各管脚功能。

♦ 图 12-1 留言机

▤ 制作所需材料

1. ISD1820 语音芯片，数量 1 个。其特点是自动节电，维持电流 0.5μA，并且边沿 / 电平触发放音，外接电阻可调整录音时间，3V 单电源工作，识别缺口下方为第 1 管脚，沿逆时针方向依次数出其余管脚，如图 12-2 所示。

（a）示意图　　　　　（b）电路符号　　　　　（c）实物图

♦ 图 12-2　语音芯片

2. 电阻，数量 2 个，阻值 1kΩ。阻值标示采用色环法，其色环依次为棕色环、黑色环、黑色环、棕色环、棕色环，如图 12-3 所示。

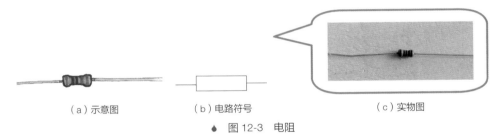

（a）示意图　　　　　（b）电路符号　　　　　（c）实物图

♦ 图 12-3　电阻

3. 电阻，数量 1 个，阻值 100kΩ。阻值标示采用色环法，其色环依次为棕色环、黑色环、黑色环、橙色环、棕色环，如图 12-4 所示。

（a）示意图　　　　　（b）电路符号　　　　　（c）实物图

♦ 图 12-4　电阻

4. 电阻，数量 1 个，阻值 4.7kΩ。阻值标示采用色环法，其色环依次为黄色环、紫色环、黑色环、棕色环、棕色环，如图 12-5 所示。

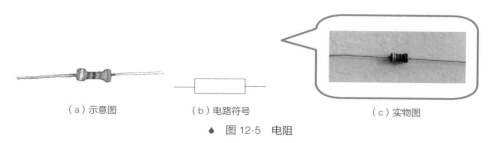

（a）示意图　　　　（b）电路符号　　　　（c）实物图

● 图 12-5　电阻

5. 电解电容，数量 2 个，1 个电容值为 220μF，1 个电容值为 4.7μF。电解电容的内部有储存电荷的电解质材料，分正、负极，类似电池，注意不可接反，如图 12-6 所示。

（a）示意图　　　　（b）电路符号　　　　（c）实物图

● 图 12-6　电解电容

6. 驻极体话筒，数量 1 个。如图 12-7 所示。

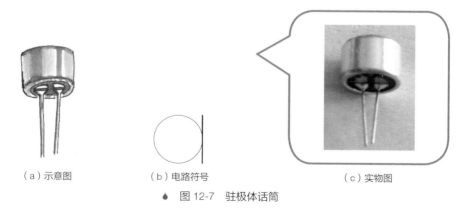

（a）示意图　　　　（b）电路符号　　　　（c）实物图

● 图 12-7　驻极体话筒

7. 电容，电容值为 0.1μF 的 3 个；电容值为 0.001μF 的 1 个。如图 12-8 所示。

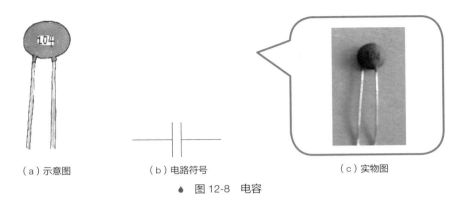

（a）示意图　　　　（b）电路符号　　　　（c）实物图

● 图 12-8　电容

8.红色发光二极管，数量1个。它由长度不同的两条管脚引出，长管脚为正极，短管脚为负极，如图12-9所示。

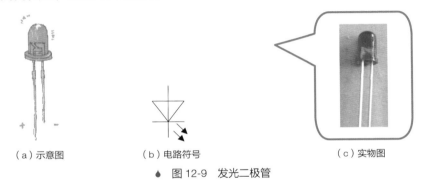

（a）示意图　　　　（b）电路符号　　　　（c）实物图

● 图 12-9　发光二极管

9.扬声器，数量1个，"0.5W 8Ω"的阻抗是指在1kHz电流下的阻抗。流过的电流也应该以1kHz为标准，如图12-10所示。

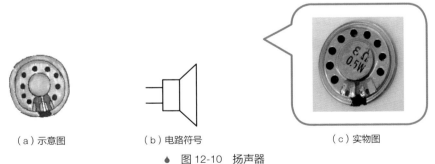

（a）示意图　　　　（b）电路符号　　　　（c）实物图

● 图 12-10　扬声器

10.按钮开关，数量5个。当第一次按开关按钮时，开关接通并保持，即自锁；第二次按开关按钮时，开关断开，同时开关按钮弹出来。如图12-11所示。

（a）示意图　　　　（b）电路符号　　　　　　　（c）实物图

♦ 图 12-11　按钮开关

11. 导线，数量 16 条，如图 12-12 所示。

（a）示意图　　　　　　（b）电路符号

♦ 图 12-12　导线

12. 电池盒，数量 1 个。电池盒有两根导线，红导线连接电源正极，黑导线连接电源负极，如图 12-13 所示。

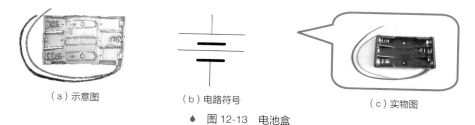

（a）示意图　　　　　　（b）电路符号　　　　　　（c）实物图

♦ 图 12-13　电池盒

13. 印制电路板，数量 1 块，如图 12-14 所示。

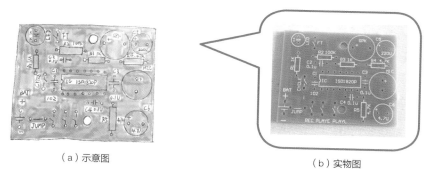

（a）示意图　　　　　　　　　　　（b）实物图

♦ 图 12-14　印制电路板

14. 外壳，数量 1 套，木质材料，如图 12-15 所示。

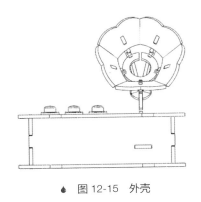

● 图 12-15 外壳

挖掘电路的秘密

问题 1： 留言机由哪几部分组成？

答： 它由语音芯片、驻极体话筒、扬声器、红色发光二极管、电阻、电容、电解电容、印制电路板、按钮开关、电池盒、导线和外壳组成。

问题 2： 它的电路原理是什么（参考图 12-16 所示电路图）？

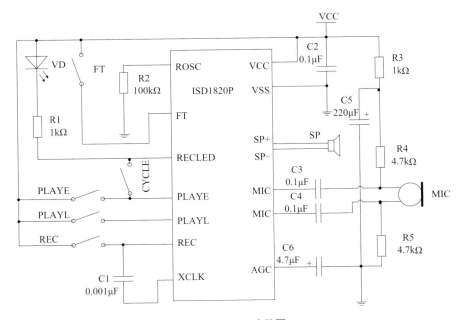

● 图 12-16 电路图

答： 电源电压为 3 ~ 5V，在录放模式下，按住 REC 录音键不放即开始录音，RECLED 灯会亮，在松开按键时录音停止。放音有 3 种情况：1. 边沿触发放音，按 PLAYE 键一下即将全段语音放出，除非断电或语音结束；2. 电平触发放音，按住 PLAYL 键时即放音，松开按键即停止；3. 循环放音，闭合循环放音开关，按下 CYCLE 键即开始循环放音，只有断电才能停止。

五 DIY 步骤

电路焊接

1. 找到 1kΩ、100kΩ、4.7kΩ 的电阻，最好将电阻卧式放置，弯曲两条管脚，将它们插入电路板的安装面上。将电烙铁涂上焊剂，并在电烙铁上镀一层焊锡，把搪好锡的电阻焊接在焊接面上，如图 12-17 所示。

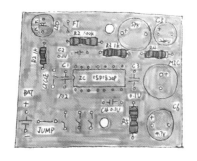

● 图 12-17　焊接电阻

2. 找出电容值为 0.1μF 和 0.001μF 的电容，将它们按照印制电路板的图形插在安装面上，在焊接面上进行焊接，如图 12-18 所示。

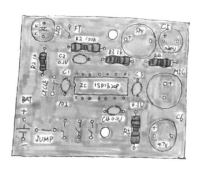

● 图 12-18　焊接电容

3. 找出语音芯片，确定引脚，将它们插在安装面上，然后在焊接面上进行焊接（注意焊接芯片的时间不宜过长），如图 12-19 所示。

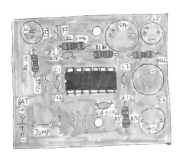

● 图 12-19　焊接语音芯片

4. 找出电容值为 220μF 和 4.7μF 的电解电容，将它们插在安装面相应的位置，注意正负极之分，然后在焊接面上进行焊接，如图 12-20 所示。

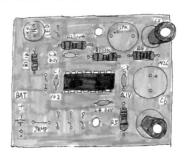

● 图 12-20　焊接电解电容

5. 将发光二极管的两端分别用导线缠绕起来，进行焊接。焊接好后，将裸露在外面的导线用绝缘胶布裹起来，以免导线正负极短路。然后将正极引线（长脚）插在安装面上相应的"+"极上，负极引线（短脚）插在安装面上相应的"−"极上，在焊接面上进行焊接，如图 12-21 所示。

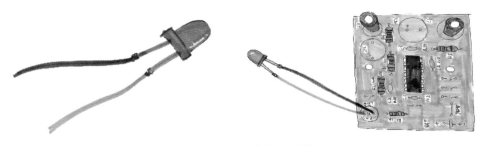

● 图 12-21　焊接发光二极管

6. 将驻极体话筒的两端分别用导线缠绕起来，进行焊接。焊好后，将裸露在外面的导线用绝缘胶布裹起来，以免导线正负极短路。然后将正极引线插在安装面上相应的"+"极上，负极引线插在安装面上相应的"−"极上，在焊接面上进行焊接，如图 12-22 所示。

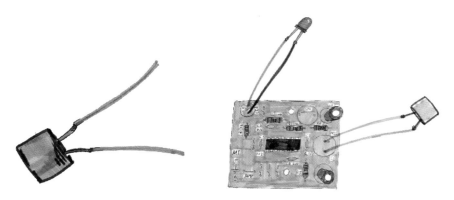

◆ 图 12-22 焊接驻极体话筒

7. 找出扬声器，将它们的两端分别用导线缠绕起来，进行焊接。焊接好后，将裸露在外面的导线用绝缘胶布裹起来，以免导线正负极短路。再将扬声器正极引线插在安装面上相应的"+"极上，负极引线插在安装面上相应的"−"极上，在焊接面上进行焊接，如图 12-23 所示。

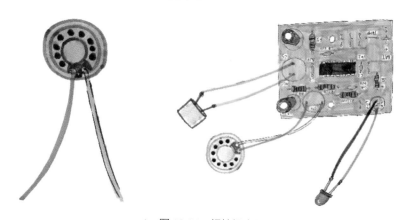

◆ 图 12-23 焊接扬声器

8. 拿出自锁开关，将其两端分别用导线缠绕起来，进行焊接。然后插在安装面上，并在焊接面上进行焊接，如图 12-24 所示。

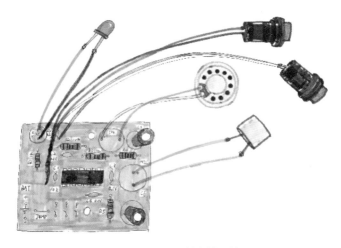

● 图 12-24　焊接自锁开关

9. 找出非自锁开关，将其两端分别用导线缠绕起来，进行焊接。然后插在安装面上，并在焊接面上进行焊接，如图 12-25 所示。

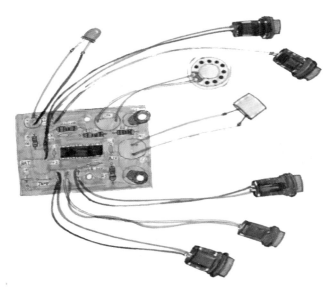

● 图 12-25　焊接非自锁开关

10. 找出一段导线，将它插在 JUMP 的位置，在焊接面上进行焊接，如图 12-26 所示。

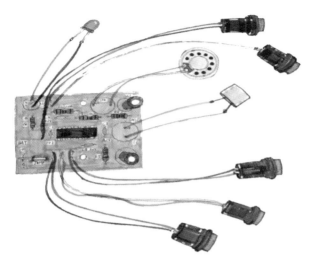

● 图 12-26 焊接导线

11.将电池盒的正极引线（红线）插在安装面上相应的 "+" 极上，负极引线（黑线）插在安装面上相应的 "-" 极上，在焊接面上进行焊接。确认电路无误后，装上电池，如图 12-27 所示。

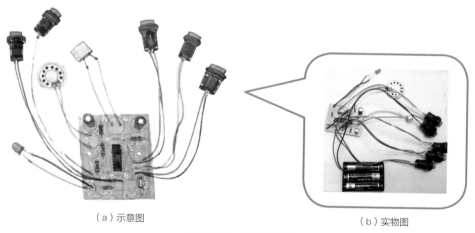

（a）示意图 　　　　　　　　　　　　　　　（b）实物图

● 图 12-27 焊接电池盒

组装外壳

1. 拼装底座

在拼装底座时需要安装 5 个按钮开关，安装时需拧下固定环，面板上标注

"MIC"的孔是安装话筒的地方，如图 12-28 所示。

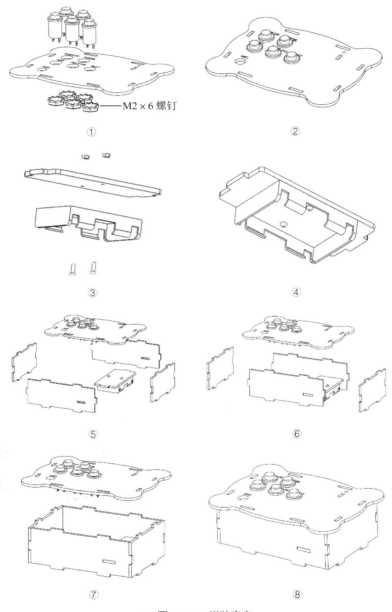

M2×6 螺钉

① ②

③ ④

⑤ ⑥

⑦ ⑧

◆ 图 12-28 拼装底座

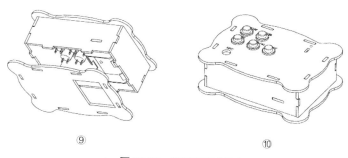

⑨　　　　　　　　　　⑩

◆ 图 12-28　拼装底座（续）

2. 拼装喇叭

在拼装喇叭时，放在最里面的零件是用来固定扬声器的。在拼装过程中，如果零件之间组合的不够紧，可以使用白乳胶进行固定，如图 12-29 所示。

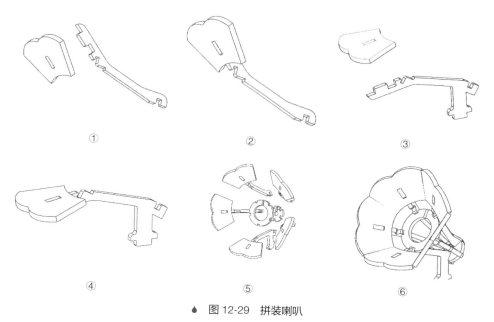

①　　　　　　　　　②　　　　　　　　　③

④　　　　　　　　　⑤　　　　　　　　　⑥

◆ 图 12-29　拼装喇叭

3. 拼装整体

开关操作正常，扬声器播放正常后，进行整体拼装，如图 12-30 所示。

145

● 图 12-30 拼装整体

创客秀

留言机制作完成,思考一下还可以怎样改进?

1.如果用户想制作变调电路,只需要选择不同的外部振荡电阻即可,即改变声音的录入和播放速度,可参见振荡电阻阻值和采样频率表 12-1。

表 12-1 振荡电阻阻值和采样频率

外接电阻阻值	录放时间	采样频率	典型带宽
80kΩ	8s	8.0kHz	3.4kHz
100kΩ	10s	6.4kHz	2.6kHz
120kΩ	12s	5.3kHz	2.3kHz
160kΩ	16s	4.0kHz	1.7kHz
200kΩ	20s	3.2kHz	1.3kHz

将 ROSC 端所接的振荡电阻改为电位器可以无级调节语音的快慢,录音的时间越短音质越好,录音的时间越长音质越差。尝试利用变调电路控制存储留言、音乐或其他声响,以此替代单调的振铃声。

2.如果将扬声器换成蜂鸣器,又会发出什么声音?

六 提升制作质量的小贴士

1.了解语音芯片的内部结构,在型号标识正置时,识别缺口下方为第 1 管脚,沿逆时针方向可依次数出其余管脚。

2.在拼装的过程中,认识留言机的每个部件,了解留言机的结构,思考它还可以用在哪里?或者还可以怎样进行改进?

七 小小工程师的笔记

ISD1820 语音芯片引脚：

1. 电源（VCC）芯片内部的模拟和数字电路使用的不同电源总线在此引脚汇合，这样使得噪声最小。去耦电容应尽量靠近芯片。

2. 地线（VSSA，VSSD）芯片内部的模拟和数字电路的不同地线在这个引脚汇合。

3. 录音（REC）高电平有效。只要 REC 变高（不管芯片处在节电状态还是放音状态），芯片即开始录音。录音期间，REC 必须保持为高，REC 变低或内存录满后，录音周期结束，芯片自动写入一个信息结束标志 (EOM)，使以后的重放操作可以及时停止，然后芯片自动进入节电状态。（注：REC 的上升沿有 84ms 防颤，可防止按键误触发。）

4. 边沿触发放音（PLAYE）端电平出现上升沿时，芯片开始放音。放音持续到 EOM 标志出现或内存结束，之后芯片自动进入节电状态。开始放音后，可以释放 PLAYE。

5. 平触发放音（PLAYL）端电平从低变高时，芯片开始放音。放音持续至此端回到低电平，或遇到 EOM 标志，或内存结束。放音结束后芯片自动进入节电状态。

6. 录音指示（RECLED）处于录音状态时，此端电平为低，可驱动 LED。此外，放音遇到 EOM 标志时，此端输出一个低电平脉冲。此脉冲可用来触发 PLAYE，实现循环放音。

7. 话筒输入（MIC）端连接芯片内前置放大器。芯片内自动增益控制电路（AGC）控制前置放大器的增益。外接话筒应通过串联电容耦合到此端。耦合电容值和此端的 10kΩ 输入阻抗决定了芯片频带的低频截止点。

8. 话筒参考（MIC REF）此端是前置放大器的反向输入。当以差分形式连接话筒时，可减小噪声，提高共模抑制比。

9. 自动增益控制（AGC）动态调整前置增益以补偿话筒输入电平的宽幅变化，使得录制变化很大的音量（从耳语到喧嚣声）时失真保持最小。通常电容值为 4.7μF 的电容器在多数场合下可获得满意的效果。

10. 喇叭输出（SP+,SP-）这对输出端可直接驱动电容值为 8Ω 以上的喇叭。

单端使用时必须在输出端和喇叭之间接耦合电容，而双端输出既不用电容又能将功率提高 4 倍。SP+ 和 SP– 之间通过 50kΩ 的内部电阻连接，不放音时为悬空状态。

11. 外部时钟（XCLK）此端内部有下拉元件，只为测试用，不用接。

12. 振荡电阻（ROSC）此端接振荡电阻至 VSS，由振荡电阻的阻值决定录放音的时间。

13. 直通模式（FT）此端允许接在 MIC 输入端的外部语音信号经过芯片内部的 AGC 电路、滤波器和喇叭驱动器而直接到达喇叭输出端。平时 FT 端电平为低，要实现直通功能，需将 FT 端接高电平，同时 REC、PLAYE 和 PLAYL 保持低电平。